Vorstellung der Rasse Elo®
und des Elo®-Projekts

züchten, beobachten und forschen

Marita Szobries
Heinz Szobries

Der Elo®

Rauhaar - Großelo „Lerry"

Zur Abbildung auf dem Umschlag: Das Original wurde von der Kunstmalerin Renate Wolters geschaffen, D-29386 Dedelstorf – Repke: Es zeigt den Elo in zwei Größen (Klein- und Groß-Elo) und in zwei Haar-formen (Glatt- und Rauhaar) sowie in ganz unterschiedlichen Haarfarben. Überarbeitet als Fotomontage.

Hinweis auf Band 2:

Zurzeit erstellen wir auf Basis von Notizen, die seit Beginn der Elo-Zucht gemacht wurden, ein Tagebuch, in dem u.a. von den Forschungsarbeiten berichtet werden soll.

Themen sind z.B. das Wegzüchten von Rasse typischen Deformationen hin zu einem biologisch sinnvollen Standard, Vererbung von Wesensmerkmalen, neu erarbeitete Wesensbeurteilungen für einen Familiengebrauchshund und Verhaltensvergleiche zwischen Elo, Bobtail und Eurasier.

Der Hunde-Typ Elo ist keine anerkannte Rasse, er wird jedoch nach rasseähnlichen Kriterien gezüchtet. Die Elo-Zucht unterscheidet sich von der modernen Rassehundezucht dadurch, dass wir von Zeit zu Zeit zwecks Vermeidung von Inzucht sowie zur Verbesserung des Wesens und des äußeren Standards besonders interessante Hunde anderer, nah verwandter Rassen wie den Eurasier, mit einkreuzen.

Wir möchten darauf hinweisen, dass der Elo zurzeit weder vom VDH noch von der FCI als Rasse anerkannt ist.

1. Auflage, September 1998
2. Auflage, überarbeitet Januar 2001
3. Auflage, neu überarbeitet August 2004
4. Auflage, August 2007
5. Auflage, neu überarbeitet Mai 2013
6. Auflage, Sommer 2016
7. Auflage, überarbeitet Frühjahr 2020

Herausgegeben im Alohaelo-Verlag von
Marita & Heinz Szobries
Mahrenholzer Weg 21
29386 Dedelstorf
Tel.: 05832 – 979 133
http//www.elo-ein-toller-hundetyp.de

Die Ratschläge in diesem Buch sind von den Autoren sorgfältig erwogen und geprüft worden. Dennoch kann keine Garantie übernommen werden. Eine Haftung der Autoren für Personen-, Sach- und Vermögensschäden ist ausgeschlossen.

- D e r E l o® -
kommt immer von uns! Ihre EZFG e.V.

Der Elo darf nur von lizenzierten Züchtern, die Mitglied in der EZFG e.V. sind, gezüchtet werden.

Zuchtziel:

Gegenüber Menschen und Tieren friedliche neue Hunderasse, die besonders geeignet für Familien mit Kindern und ältere Personen ist.

Anpassungsfähig an unterschiedliche Lebensräume, insbesondere auch dicht besiedelte Gebiete.

Wenig anfällig für erblich bedingte Erkrankungen.

Das Elo®-Projekt

Neue Erkenntnisse über den erblichen Einfluss auf das Verhalten

Weitere Informationen über die
Elo® Zucht- und Forschungsgemeinschaft (EZFG) e.V.
über das Internet unter **http//www.elo-hundezucht.de**

Die rassetypischen Wesensmerkmale des Familienhundes der Zukunft

Rassename vom Deutschen Patentamt unter
Markenschutz „Elo®" Nr. 2 026 230 geschützt
Seit Mai 2007 ist der Elo® auch EU-weit eingetragen.

Inhalt

1.   Vorwort

Bei meiner langjährigen Tätigkeit als Zoolehrerin im Zoo Hannover lernte ich den Reviertierpfleger Herrn Szobries kennen, der mir von seinem Vorhaben, eine neue Hunderasse züchten zu wollen, berichtete. Angesichts der großen Zahl bereits vorhandener Hunderassen war ich zunächst skeptisch.

Erst als er mich näher mit seinem „Elo – Projekt" vertraut machte, zerstreuten sich meine Bedenken. Oft genug machten ja Hunde als Verursacher öffentlichen Ärgernisses von sich reden. War es da nicht an der Zeit, nicht nur mit gesetzlichen Regelungen diesem Problem zu begegnen? Ist es in der Vergangenheit nicht gelungen, Hunden die erwünschten Eigenschaften und Merkmale der Menschen anzuzüchten?

Nach meiner Pensionierung hatte mich Herr Szobries gebeten, seine Zucht- und Forschungsergebnisse zu begleiten und ihn zu beraten, wozu ich mich bereit erklärt habe. Seit Anfang 1991 begleite ich das Elo-Projekt. So habe ich fast von Anfang an miterlebt, mit welcher Sorgfalt in vielen Testreihen die Hunde für die Zucht ausgewählt werden. Dabei richtet sich das Hauptaugenmerk auf Wesen und Erbgesundheit der Tiere, im Gegensatz zu vielen anderen anerkannten Hunderassen, die überwiegend nach dem äußeren Erscheinungsbild gezüchtet werden. Nunmehr hat sich der Elo im Erscheinungsbild und im Verhalten als Rasse weitestgehend stabilisiert. So konnte ich auch das ganz unterschiedliche Verhalten einiger Hunde mit beobachten. Besonders beeindruckend waren die Beobachtungen einzelner Hunde, die von Natur aus sehr verträglich mit Artgenossen waren, keinen Jagdtrieb hatten, deshalb auch keine Neigung zeigten, in der freien Natur weglaufende Kaninchen oder andere Kleintiere zu verfolgen, zu fangen und zu töten. Somit wird auch ein Beitrag für den Tierschutz geleistet. Außerdem wird bei Hunden, die keinen Jagdtrieb haben, nicht reflexartig das Verfolgen und Beißen von Kindern ausgelöst, wenn diese aus Angst vor dem Hund fortlaufen. Damit wird ein Beitrag zum Schutze der Kinder geleistet.

Als Pferdebesitzerin, die ihr Pferd auch regelmäßig ausreitet, weiß ich aus eigener Erfahrung, wie problematisch Hunde mit ausgeprägtem Jagdtrieb für Reiter und Pferde sind.

Hunde, die sich ohne besondere Erziehung in verschiedenen Situationen, wie im Hunderudel, gegenüber Passanten, Joggern sowie gegenüber Kindern bewährt hatten, wurden dann gezielt für die Zucht ausgewählt.

So hatte ich auch die Gelegenheit den erblichen Einfluss auf das Verhalten von Generation zu Generation mit zu verfolgen.

Immer wieder wird den Hundehaltern das Fehlverhalten ihrer Hunde angelastet. Dies ist jedoch nicht immer die Schuld der Hundehalter, sondern teilweise auch das der Züchter, die bei der Zuchtauswahl unerwünschte Erbanlagen nicht genügend berücksichtigen.

Deshalb hat sich der Begründer der Rasse intensiv mit der Vererbung von Wesensmerkmalen beschäftigt. Ein Ausgangspunkt der Aktivitäten waren die Missstände, die im Zusammenhang mit der Zucht angeprangert wurden. Insbesondere die hohe Zahl von Verletzungen durch Hundebisse, die Ruhestörung durch Hundegebell und die Belästigung von Haus- und Wildtieren durch Hunde veranlassten Herrn Szobries, sich mit diesen Problemen stärker auseinanderzusetzen. Im Verlauf der Domestikation hat der Mensch Aussehen und Eigenschaften der Ausgangsformen unserer Haustiere verändert, erwünschte Merkmale verstärkt, unerwünschte zurückgedrängt. Nicht immer wirkte sich das Handeln unserer Vorfahren vorteilhaft auf Mitmenschen, Tierwelt und Natur aus. Missgebildete Hunderassen werden als kulturelles Erbe erhalten und stark bewegungsaktive Hunde in einer Umgebung gehalten, die dem Tier ein veranlagungsgemäßes Verhalten nicht ermöglicht.

Herr Szobries hat unter Verwendung von Hunden verschiedener Rassen über viele Jahre Untersuchungen über das Verhalten von Hunden durchgeführt. Von besonderem Interesse waren solche Eigenschaften wie geringe Bellneigung und verträgliches Verhalten gegenüber Haus- und Wildtieren, Kinderfreundlichkeit, fehlender Jagdtrieb, verminderter Bewegungsdrang und Gelehrigkeit. Für Hunde mit den genannten Eigenschaften hat sich in den vergangenen Jahrzehnten ein steigender Bedarf entwickelt. Viele Rassen erlangten nach zehnjähriger Zucht und etwa der 6. Generation die internationale Anerkennung als Rasse.

Herr Szobries hat mit seinem Elo-Projekt den Versuch unternommen, eine neue Hunderasse als Familien- und Gesellschaftshund zu züchten, die den gewandelten Anforderungen besser entspricht. Der Gesundheit und dem Wohlbefinden der Tiere abträgliche Merkmale werden durch gezielte Zuchtauswahl eliminiert.

Bei der Zucht des Elo bemüht man sich, eine friedliche und wachsame, vor allem erbgesunde Rasse zu züchten. Die Hunde sollen keine Kläffer sein, sich sehr wohl bei Angriffen verteidigen. Ebenso gehört es zu ihrem verträglichen Sozialverhalten, gelegentlich um die Rangordnung zu kämpfen. Dabei soll der Elo natürlich noch ein Hund bleiben, der Bellen kann und sich bei Angriffen auch verteidigt.

Ich habe Herrn Szobries zu seinem Vorhaben stets ermutigt, ihn fachlich beraten und unterstützt. Ich sehe in seinen Bemühungen einen Beitrag zu einer entspannteren Mensch- Haustier- Beziehung, der Verständnis und Förderung verdient.

Brigitte Apel

(Biologin im Ruhestand)

Anmerkung: Frau Apel hat die Elo®-Zucht bis zum Umzug von Hannover nach Dedelstorf im Jahr 2003 begleitet. Aufgrund der zu großen Entfernung gab es danach nur noch von Zeit zu Zeit Kontakt mit Frau Apel, bis sie verstorben ist.

Elo Stammbaum

2. Einführung

Aufgewachsen bin ich, Heinz Szobries, auf einem einsam gelegenen Bauernhof. Später lebte ich lange in der Großstadt Hannover und nach meiner Pensionierung haben meine Frau und ich am Rande der Lüneburger Heide eine ehemalige Hundepension gekauft, die wir stetig als Zucht- und Forschungsstation, seit 2015 auch als Tierpension, weiter ausbauen.

Ich beschäftige mich seit Jahrzehnten mit der Hundehaltung und -zucht sowie mit der Vererbung von Charakteranlagen. Ideale Möglichkeiten dazu bot der Verhaltensvergleich der beiden Hunderassen Bobtail und Eurasier, die, unter gleichen Umweltbedingungen aufgezogen, ein ganz unterschiedliches und rassetypisches Verhalten zeigten. Ich konnte beobachten, dass das kindergeeignete Verhalten über das Erbgut wesentlich zu beeinflussen ist und auch selber erfahren, mit welchen Problemen das Zusammenleben von Mensch und Tier auf dichtbesiedeltem Raum belastet ist. Die Beziehung des Menschen zum Haustier hat sich durch die veränderten Lebenssituationen gewandelt. Eigenschaften wie Lauffreudigkeit und Schärfe oder die Hüte- und/oder Jagdeigenschaften, die den Rassehunden über viele Generationen angezüchtet worden waren, waren meist nicht mehr gefragt oder erwiesen sich als nachteilig. Im Laufe von Jahren entwickelte sich ein großes Bedürfnis nach einem sogenannten Familienhund, von dem ein hohes Maß an Anpassung an die veränderten Lebensverhältnisse des Menschen erwartet wurde.

Der bestehende Trend zur Kleinfamilie bzw. zu Einpersonenhaushalten wertet den Hund auch als Kind- bzw. Partnerersatz auf.

Oft sind viele der uns bekannten Rassehunde aufgrund ihrer Erbgesundheit, ihrer rassetypischen Charakteranlagen oder ihres abnormen Standards den neuen Anforderungen nicht gewachsen. Die Züchter und Zuchtverbände sind zur Einhaltung der bekannten Rassestandards verpflichtet. Einen bestehenden Rassestandard wesentlich zu verändern, würde dazu führen, dass die „umgezüchtete" Hunderasse nicht mehr der vertrauten Vorstellung entspräche. Der Konflikt, die züchterische Tradition zu wahren und stark veränderten Ansprüchen gerecht zu werden, ist nicht lösbar.

Wir, meine Frau und ich, haben uns bemüht, mit verschiedenen Rassen, die uns besonders gut geeignet erschienen (z.B. dem Bobtail und dem Eurasier), einen „optimalen" Familienhund unter Beachtung eines dem Ur-Hund ähnlichen und sinnvollen Standards zu züchten.

Außerdem habe ich mit hohem Zeitaufwand versucht, dem Hund die heute besonders erwünschten Eigenschaften anzuzüchten. Beide Wege, auch in Kombination, erwiesen sich letztlich als nicht zufriedenstellend. Erwünschte Eigenschaften einer Rasse waren oft mit unerwünschten kombiniert. Erbliche Veranlagungen erwiesen sich Erziehungsversuchen meist überlegen.

So entstand die Idee, Hunderassen zu kreuzen und aus den am besten veranlagten Nachkommen eine neue Rasse zu züchten. Dabei sollten Zweckmäßigkeit und Gesundheit Vorrang vor der "Schönheit" haben, obwohl ein ansprechendes Äußeres durchaus erwünscht war. Dieses Zuchtvorhaben erhielt zunächst die Bezeichnung "Eloschaboro", die dann später auf „Elo" abgekürzt wurde.

Inzwischen hat sich das Erscheinungsbild dieser Neuzüchtung soweit stabilisiert, dass eine Anerkennung erfolgen könnte. Jedoch wird von uns eine internationale Anerkennung nicht angestrebt. Dadurch wollen wir einerseits den Markenschutz nicht gefährden und andererseits eine Zucht nach modischen Gesichtspunkten vermeiden.

Im Hinblick auf die unterschiedlichen Anforderungen, auch in Richtung eines kleineren Familienhundes, begann ich 1990 mit der Zucht des kleinen Elo. Dieser sollte dem großen Elo im äußeren Erscheinungsbild und im Wesen entsprechen, jedoch in seinem Anspruch an Lebensraum und Futter genügsamer sein. Die Reduzierung der Körpergröße wurde durch Einkreuzung kleinerer Rassen wie Spitz und Pekinese erreicht. Gleichzeitig konnten wir dabei auch Erfahrungen über das Wegzüchten von rassetypischen Deformationen beim Pekinesen sammeln.

Das Elo-Projekt stellt einen Versuch dar, verbreitete Probleme, die über- wiegend genetisch mit der Hundezucht verbunden sind, zu mildern und zu lösen. Die Wechselbeziehungen zwischen Mensch, Hund, Umwelt und Erbgut werden von einem erfahrenen Hundezüchter unter Begleitung von Fachwissenschaftlern analysiert. Es wird eine Hunderasse angestrebt, die sich hinsichtlich ihrer Erbanlagen den stark veränderten Umwelt- verhältnissen der vergangenen Jahrzehnte besser anpasst.

Für die Zuchtauswahl wurden neue Testmethoden eingeführt, u.a. um den Erfolg der Bemühungen möglichst objektiv kontrollieren zu können. Ermutigungen, Vorurteile und auch Ablehnung haben unseren Weg begleitet. Sie waren insgesamt nützlich, weil man Ermutigungen braucht. Aber ebenso war auch die Kritik hilfreich, weil sie die Beweise herausforderte, auf dem richtigen Weg zu sein.

Ich bin der Anregung von Verhaltensforschern, Genetikern und vielen Freunden des Elo-Projekts gefolgt und habe meine Erfahrungen hier niedergelegt.

Nicht alle Ergebnisse sind biostatistisch abgesichert. Die inzwischen sehr große Anzahl von zufriedenen Hundehaltern, die einen Elo erwarben, ist für mich wertvoller als die mathematische Bestätigung gelungener Zuchtarbeit.

Ich bedanke mich vor allem bei den Hundefreunden, die mir die Tiere abgenommen haben, die dem Zuchtziel noch nicht entsprachen.

Wesensbeurteilung: Verhalten gegenüber anderen Tieren

3. Haustier Hund – Licht und Schatten

3.1 Vor der Anschaffung eines Hundes

In unserem technischen Zeitalter hat die Zahl der Tier- und Natur-
liebhaber ständig zugenommen. Das Interesse am Haustier "Hund" ist
trotz steigender Kosten für die Hundehaltung und restriktiver rechtlicher
Regelungen ungebrochen.

Warum ein Hund?

Was macht den Reiz eines Hundes aus? Warum ist er trotz hoher Kosten
für Anschaffung und Unterhalt sowie der von ihm ausgehenden Beiß-
gefahr so beliebt?

Zunächst kann der Hundefreund zwischen einer großen Vielfalt an
Rassen mit verschiedenen Eigenschaften, Größen, Formen und Farben
wählen. Katzen, Meerschweinchen, Hamster und andere Haustiere können diesbezüglich nicht mithalten. Zweifellos kann man an einem Pferd
viel Freude haben, aber dieses Vergnügen kommt nicht für jeden in
Betracht. Kein anderes Haustier ist so vielseitig wie der Hund. Der Hund
ist auch recht anpassungsfähig und mit Ausnahmen einiger Rassen nicht
zu empfindlich oder anspruchsvoll. Vielen Tierfreunden ist es besonders
wichtig, dass sie mit dem Hund hervorragend kommunizieren können.
Der Hund verfügt über viele dem Menschen vertraute Charaktereigenschaften. Man kann ihm Freude, Begeisterung, Dankbarkeit, Zuneigung,
Ablehnung, Unzufriedenheit und Neugier ebenso ansehen, wie Eifersucht, Neid, Wut, Aggressivität, Trotz, Misstrauen oder Angst. Er kann
sich den Wünschen seiner Bezugspersonen anpassen und ihnen vielfältige Dienste erweisen. Mancher Hund verfügt sogar über schauspie-
lerische Talente.

Kranke und einsame Menschen erfahren durch den Kontakt mit dem
Hund eine Verbesserung ihrer Lebenssituation. Zahlreiche Menschen
verdanken dem Hund ihr Leben. Es gibt viele Geschichten, in denen
berichtet wird, wie der Hund unter dem Verlust seiner Bezugsperson
leidet. Wie er heult, sich verkriecht und die Nahrungsaufnahme verweigert. Besonders die Jäger schätzen den Charakter des Hundes, der
erlegtes Wild nicht als Leckerbissen verzehrt, sondern geduldig wartet,
bis der Jäger ihm die Beute abnimmt. Bei der Suche nach verschütteten
und vermissten Personen, nach Drogen oder Sprengstoff ist die Spür-
nase des Hundes den technischen Nachweisgeräten noch heute über-

legen. Viele Entdeckungen wären ohne die zähen Schlittenhunde erst viel später möglich gewesen. Die Würdigung des Hundes kann sich hier nur auf einige Beispiele beschränken. Menschen haben Hunden aus Dankbarkeit Denkmäler gesetzt. In vielen Fotoalben befinden sich Bilder von Hunden, über die beeindruckende Geschichten erzählt werden. Das Fernsehen hat zum Mythos „Hund" erheblich beigetragen und die Fähigkeiten des Hundes zum Teil überzeichnet. Dennoch, nicht zuletzt dem Hund zuliebe, muss der Verstand vor dem Herzen entscheiden, ob ein Hund angeschafft wird. Vielfach bestehen sehr klare Vorstellungen darüber, wie sich der Hund verhalten soll, während die Ansprüche des Hundes weniger Beachtung finden. Wenn die Entscheidung positiv ausfällt, kommt es darauf an, die oder den Richtige(n) ohne Eile auszuwählen.

Bedauerlicherweise sind im Zusammenhang mit der Hundehaltung auch berechtigte Klagen zu hören, die teilweise mit der Auswahl einer ungeeigneten Rasse oder eines Mischlings im Zusammenhang stehen. Eine dichte Besiedelung zwingt zu Rücksichtsmaßnahmen und beschränkt Freiheiten des Einzelnen zugunsten des Gemeinwohls. Wo allzu oft gegen die Interessen der Allgemeinheit verstoßen wird, entwickelt sich die Forderung nach einer strengen rechtlichen Reglementierung der Hundehaltung (z.B. "Hundeführerschein", Leinen- und Maulkorbzwang) mit der Konsequenz, dass die Hundehaltung bürokratisiert und teuer wird.

So gibt es Hunde, die trotz sorgfältiger Aufzucht und Erziehung fortlaufen, Wild- und Haustiere hetzen oder sogar Menschen anfallen.

Manche belästigen Radfahrer oder Fußgänger, andere terrorisieren die Nachbarn durch langanhaltendes Bellen. Unerfahrene, aber auch gewissenlose Züchter betrachten den Hund oft nur aus kommerzieller Sicht. Sie versäumen es leider allzu oft, auf ein intaktes Sozialverhalten zu achten und vernachlässigen die Wesensbeurteilung bei ihren Zuchthunden. Dieser Zustand wird sich auch in absehbarer Zeit nicht ändern, weil einige Fachleute immer wieder behaupten, dass alle Probleme durch Erziehung zu lösen seien.

Dabei ist unbestritten, dass der wachsame Hund mitunter wirksamer als eine Alarmanlage schützt.

Die Pflichtspaziergänge mit dem Hund kommen auch der Gesundheit des Hundehalters zu Gute und einsame Menschen finden in dem Hund ein Wesen, mit dem eine gewisse Kommunikation möglich ist. Blinde

14

erlangen einen Zuwachs an Lebensqualität. Spür-, Hüte-, Jagd- und Schlittenhunde sind in bestimmten Aufgabenbereichen technischen Methoden deutlich überlegen. Kinder, insbesondere Einzelkinder, finden im Hund einen Spielgefährten. Hundesport und -zucht geben vielen Menschen eine erfüllte Freizeit.

Wenn die Partnerschaft Mensch - Hund gelingen soll, bedarf es sorg-fältiger Vorbereitungen vom Menschen. Ein Vorgehen nach folgendem Ablaufplan wird empfohlen:

3.2   Entscheidungshilfe für den Erwerb eines Hundes

Kommt die Anschaffung eines Hundes für mich überhaupt in Betracht?

Entscheidungen für den Kauf eines Hundes werden oft zu leichtfertig getroffen. Die Folge ist, dass Hunde zu häufig im Tierheim landen oder ausgesetzt werden.

Zu klären ist, ob

- artgerechte Unterbringung möglich ist
- genügend Zeit für die Beschäftigung mit einem Hund zur Verfügung steht
- die Erlaubnis des Vermieters zur Hundehaltung vorliegt
- eine Gefährdung oder Belästigung von Nachbarn, Kindern, fremden Personen oder anderen Tieren eintreten könnte
- anderweitige Interessen Dritter zu beachten sind
- die Belastungen, die sich aus dem Wunsch ergeben, ausgehalten werden
- die Kosten für Versicherung, Steuern, Futtermittel, Pflege, Impfungen und tierärztliche Leistungen über 10 Jahre und länger aufgebracht werden können
- für den Halter oder Familienangehörige kein Allergierisiko besteht.

Wenn alle diese Voraussetzungen für die Anschaffung eines Hundes ge-geben sind, stellt sich die Frage:

Welchem Zweck soll der Hund vorrangig dienen?
- Begleitung bei Spaziergängen und Gesellschafter daheim
- Spielpartner für Kinder
- Erlangen von Aufmerksamkeit durch ein ansprechendes Äußeres des Hundes
- Befriedigung eines Pflegebedürfnisses (Kind- oder Partnerersatz)
- Eignung zur Ausbildung für bestimmte Leistungen
- Interesse am Hundesport, Erzielung von Preisen
- Praktische Aufgaben wie Jagdgebrauch und Schutzfunktion
- Einflößung von Respekt durch ein gefährliches Aussehen des Hundes, wie große Erscheinung, kurze Behaarung, schwarze Farbe, Stehohren

Aus dem vorgesehenen Hauptverwendungszweck des Hundes ergibt sich schon eine deutliche Einschränkung bei der Auswahl der Rasse.

Rassehund oder Mischling?
Es gibt Gründe, die für oder gegen Rassehunde bzw. Mischlinge sprechen. Hier wird man abwägen müssen, was einem wichtig oder weniger wichtig ist.

Vorteile Rassehund
- Erscheinungsbild und Eigenschaften sind bekannter und dadurch kalkulierbarer
- durch gezielte Zuchtauswahl für spezielle Verwendungszwecke besser geeignet
- höheres Ansehen

Vorteile Mischling
- billiger in der Anschaffung
- häufig sehr vital, oft höhere Lebenserwartung

Nachteile Rassehund
- teurer in der Anschaffung
- z.T. höhere Krankheitsanfälligkeit bei überzüchteten Rassen

Nachteile Mischling
- Eigenschaften weniger vorhersehbar
- falls später der Wunsch nach Aufzucht eines Wurfes vorhanden sein sollte, schwierige Abgabe der Welpen
- teilweise geringeres Ansehen

Hündin oder Rüde?

Vorteile Hündin

- meist unterordnungswilliger
- Nachkommen für Eigenbedarf oder Verkauf verfügbar

Vorteile Rüde

- keine Gefahr unerwünschter Nachkommen im eigenen Haushalt

Nachteile Hündin

- Verhaltensveränderungen während der Läufigkeit
- Möglichkeit unerwünschter Trächtigkeit
- Verunreinigungsgefahr bei Haltung in Wohnräumen durch Ausfluss während der Läufigkeit (nicht immer zutreffend, Selbstreinigung der Hündin)

Nachteile Rüde

- gelegentliche Neigung zur Dominanz
- geringere Unterordnungsbereitschaft
- Neigung zum Raufen (rasseabhängig)
- übersteigerter, z.T. aufdringlicher Geschlechtstrieb

Hund ist nicht gleich Hund. Vom Geschlecht her ergeben sich schon deutliche Unterschiede im Verhalten, die man bei einer Kaufentscheidung berücksichtigen sollte.

Auswirkungen körperlicher Merkmale und Eigenschaften

Größe:
sehr groß bis groß

- hoher Bedarf an Futter und Platz
- höherer Platzbedarf bei Transport im Auto
- produzieren entsprechend größere Mengen Hundekot
- können bei freiem Auslauf in kleinen Gärten mehr Schäden an der Bepflanzung anrichten
- wirken angsteinflößender (was Vor- und Nachteile haben kann)
- sind zu großen körperlichen Leistungen in der Lage (z.B. Zugtiere)
- können ernsthaftere Bissverletzungen verursachen
- haben z.T. Disposition für bestimmte Krankheiten (Hüftgelenksdysplasie)
- z.T. geringere Lebenserwartung

klein bis	• geringer Bedarf an Futter und Platz
sehr klein	• problemloser Transport (kleinere Hunde können im Flugzeug beim Besitzer befördert werden, große benötigen teurere Boxen im Frachtraum)
	• geringere Umweltbelastung durch Hundekot
	• geringere Geruchsbelästigung bei Haltung in der Wohnung
	• geringere Verunreinigung der Wohnung durch Hundehaare
	• oft bellfreudiger
	• z.T. empfindlich gegenüber Kälte und Krankheiten

Mittelgroße Hunde nehmen dementsprechend eine Mittelstellung zwischen den Großen und den Kleinen ein.

Körperbau:
• kräftig bis gedrungen
• mittelkräftig
• feingliedrig, schlank, grazil

Der Körperbau beeinflusst die Eignung für bestimmte Leistungen

Haarkleid:

Farbe	• einfarbig	• insbesondere dunkle Farben, wie wolfsgrau sind Tarnfarben
	• mehrfarbig	• wie weiß-rot oder weiß-schwarz sind gut sichtbare Farben, der Hund wird besser gesehen
Länge	• lang, wollig	• sehr pflegeintensiv, bindet viel Wasser und Staub
	• mittellang von mittlerer Struktur	• wenig Probleme bei Pflege und Haarwechsel
	• sehr kurz und fest	• schwierig von Teppichen, Polstermöbeln und Autopolstern zu entfernen, Gefahr, dass sich Waschmaschinen verstopfen, kürzeres, dünnes Haar bedingt geringeren Schutz gegen Kälte
Form	• glatt	• pflegeleichter
	• kraus	

Haarart und -farbe erleichtern die Erkennbarkeit und gestatten Kaufentscheidungen nach den Wünschen der Hundehalter.

Bewegungsaktivität:
- gering
- mäßig aktiv bis lebhaft
- sehr aktiv

- eher für ältere Leute
- ideal als Familienhund
- als Schlitten- oder Gebrauchshund für sportliche Menschen sowie Hüte- oder Jagdhunde

Sinnesleistung und Gelehrigkeit:
- geringe Anforderungen

- hohe Anforderungen

- z.B. Wachhund (Bellen bei Annäherung fremder Personen)
- z.B. Rettungshund, Begleiter für Rollstuhlfahrer Familienhund

Bellneigung:
- gering

- ausgeprägt

- günstig, wo Hundegebell nicht geduldet wird oder unerwünscht ist

- zum Verscheuchen von Wild aus der Deckung bei der Jagd
- bei Wachhunden in Bereichen, in denen keine Anwohner belästigt werden

Folgsamkeit:
- sehr eigenwillig und Neigung zum Streunen
- folgsam

- meist unerwünscht

- ideal als Gesellschafts- und Gebrauchshund

Stubenreinheit:
- keine Anforderungen
- wichtig

- bei Haltung im Freien
- bei Haltung in Wohnräumen

Wachsamkeit:
- erwünscht
- kein Interesse

- bei bestehendem Bedarf
- bei fehlendem Bedarf oder fehlender Tolerierung

Rassetypische Krankheitsanfälligkeit:
Durch Körpergröße oder -form können bestimmte Rassen anfällig für bestimmte Erkrankungen sein z.B. Hüftgelenksdysplasie, Ohr- und Augenerkrankungen, Atembeschwerden bei Rassen mit kurzen Nasen. Manche Rassen sind auch stärker von Erbfehlern oder -krankheiten betroffen, die in keinem Zusammenhang mit dem Körperbau stehen.

Was sollte man über das Beißen wissen?
Beim Beißen bestehen große rassentypische und individuelle Unterschiede. Auf das Beißen in der Öffentlichkeit - das Hauptproblem der Hundehaltung - werde ich an anderer Stelle ausführlicher eingehen.
Hier sollen nur drei Kriterien des Beißens beleuchtet werden:

Wie wird gebissen?
- angedeutetes Beißen
- spielerisches Beißen ohne stärkeren Beißdruck
- Einzelbiss mit voller Kraftaufbietung
- Beißattacke bis zur Unterwerfung des Artgenossen
- Beißen ungehemmt
- Beißen nach Vorwarnung durch Knurren
- Beißen spontan ohne Vorwarnung
- vom Beißen abrufbar
- vom Beißen nicht abrufbar

Wer wird gebissen?
- Artgenossen, spielerisch
- Artgenossen, kämpferisch
- andere Tierarten, Wild fliehend
- andere Tierarten, Wild - nach Wahrnehmung
- fremde, in das Revier eindringende Personen
- fremde Personen außerhalb des eigenen Reviers
- als flüchtend empfundene Personen
- stehende oder gehende Personen
- spielende Kinder
- Personen als Verursacher von Schmerzen
- Störer bei der Futteraufnahme
- vertraute Personen ohne erkennbaren Grund

Warum wird	• spielerisch zum Training des Verteidigungs-
gebissen?	vermögens
	• zur Erhaltung oder Verbesserung der Position in
	einer Bestandshierarchie
	• instinktiv bei Fluchtreaktion von Tieren oder
	Menschen
	• zur Revier- oder Futterverteidigung
	• bei Wahrnehmung von Tieren oder Personen, die
	als Angreifer empfunden werden
	• als Reaktion auf eine erlittene oder befürchtete
	schmerzhafte Behandlung
	• aus Angst
	• ohne erkennbares Motiv
	• Angriff nach Aufforderung durch den Besitzer
	(Bezugsperson)

Die Übersicht lässt erkennen, wie vielschichtig die Beißproblematik ist.

Woher bekommt man den geeigneten Hund?

Nachdem man sich anhand der Entscheidungshilfen klare Vorstellungen über den anzuschaffenden Hund gemacht hat, sollten die Überlegungen zum Kauf anstehen. Nach den zuvor erteilten Hinweisen ist die Auswahl sicherlich nicht leichter geworden, dennoch sollte auf eine sorgfältige Auswahl nicht verzichtet werden. Es empfiehlt sich nicht, dem Züchter seine speziellen Wünsche zu nennen, sondern diesen sein Angebot beschreiben zu lassen.

Der Hundekauf ist in erster Linie Vertrauenssache, er bleibt aber immer auch Glückssache.

Es ist nicht immer eindeutig vorhersehbar, wie sich ein Welpe entwickeln wird. Züchter, die ihre Welpen verkaufen wollen bzw. müssen, sind nicht immer die besten Ratgeber für einen unerfahrenen Welpen Käufer.

Trotzdem sollte man seinen Welpen immer bei einem Züchter kaufen. Er kann aufgrund seiner Erfahrungen und Kenntnisse über die Rasse den Welpen Käufer auf jeden Fall besser beraten. Händler haben wenig Zeit, die Individualität eines Welpen zu ergründen oder genauere Kenntnisse über das rassetypische Verhalten zu erlangen.

Aufgrund enttäuschender Erfahrungen einiger Welpen Käufer, wird in den Medien immer wieder vor dem Kauf beim Hundehändler oder Massenzüchter gewarnt, der teilweise auch daran zu erkennen ist, dass er Hunde aller Rassen anbietet.

In den meisten Fachbüchern und Hundezeitschriften wird darauf hinge-wiesen, dass man nur Welpen von Züchtern kaufen sollte, die Mitglied im Verband für das deutsche Hundewesen (VDH) sind. Leider verschweigt man allzu oft, dass nur von der FCI (hierbei handelt es sich um den inter-nationalen Dachverband) anerkannte Rassen im VDH aufgenommen werden. Die Anerkennung von neuen Rassen ist mit großen Hürden verbunden. Unter den nicht anerkannten Rassen befinden sich nicht nur neue Rassen wie der Elo®, sondern auch zahlreiche vom Aussterben bedrohte Rassen, wie der Harzer Fuchs, der Altdeutsche Schäferhund oder der Langhaar Schäferhund. Das bedeutet, dass diese Rassen auch nicht vom VDH vermittelt werden.

Grundsätzlich sollte man aktuellen Modetrends gegenüber kritisch sein. Eine Rasse, die heute „in" ist, ist morgen garantiert „out". Ein Hund ist eine Anschaffung für einen langen Zeitraum. Für Effekthaschereien eignen sich modische Kleidung und/oder Fahrzeuge besser.

Die Suche nach einem guten Hund erfordert Geduld, kritische Haltung gegenüber aufdringlichen Anbietern, duldet keinen Zeitdruck und fordert Kenntnisse über Zucht, Haltung und Psyche von Hunden und vor allem auch Kenntnisse über die typischen Verhaltensunterschiede einzelner Rassen.

Daher lässt sich verallgemeinern - jeder bekommt den Hund, den er verdient!

Wer einen guten Hund wünscht, lässt sich Zeit mit seiner Entscheidung, nimmt an der Entwicklung des Welpen Anteil, beobachtet den Züchter, prüft dessen Seriosität, Fachwissen und vor allem seine Zuchtziele. Wer einen Hund für einen traditionellen Verwendungszweck, wie z.B. für die Jagd, zum Hüten, zum Schutz oder zum Schlitten ziehen benötigt, findet ihn unter einer der etwa 350 anerkannten Hunderassen. Zumeist kann er sogar zwischen mehreren geeigneten Rassen auswählen. Diese Rassen werden vom VDH vermittelt.

Schwieriger ist es, einen Familiengebrauchshund zu finden, der einer relativ jungen Bedarfsgruppe dienen soll.

3.3 Das Wesen des Hundes

Das Verhalten des Hundes wird durch vererbte Instinkte, Triebe, angeborene Charakteranlagen und erlernte Verhaltensweisen bestimmt, also vom Erbgut und von der Umwelt. Das wichtigste Ziel bei der Elo-Zucht ist die Zuchtauswahl in Hinblick auf überwiegend angeborene und vererbbare Wesensmerkmale, die den Elo als Sozialpartner und Familiengebrauchshund besonders tauglich machen.

V. Goertler schreibt in Grzimeks Tierleben Folgendes: „Die Handlungen des Hundes beruhen entweder auf angeborenen Trieben und Instinkten oder auf Erfahrungen, also auf Gedächtnis. Innerhalb dieser Grenzen vermag der Hund zu lernen, wie z.B. den Ablauf der Kämpfe." An einer anderen Stelle heißt es: „Im Laufe der Haustierwerdung haben sich erhebliche Unterschiede zwischen den einzelnen Rassen in körperlicher und verhaltensmäßiger Hinsicht herausgebildet."

Nach Darstellungen in einigen Hundebüchern, insbesondere in der vor mir liegenden Broschüre (herausgegeben von einem Hamburger Hundefreundverein), muss man zu dem Ergebnis kommen, dass sich jeder Hund seinem Menschen anpasst. Wichtig wären lediglich eine optimale Aufzucht und die Zuwendung des Menschen sowie die Erziehung. Und schon hätte man den idealen Familienhund. Leider wird dabei der Einfluss des Erbgutes völlig unterschätzt. Gleichzeitig werden durch diese Behauptungen auch die Züchter, die gezielt auf Aggressivität oder andere angeborene Entartungen züchten, völlig außer Acht gelassen und selbst dann von ihrer Verantwortung entlastet, wenn sie die Folgen kennen. Das gilt z.B. für fehlende Beißhemmung aggressiver Hunde, die die Unterwerfungsgesten unterlegener Hunde nicht wahrnehmen und ggf. als Killerhunde bis zur Tötung des unterlegenen Tieres weiterbeißen. Aus diesem Grund darf auch nicht nur der Halter allein für alle Probleme verantwortlich gemacht werden.

Der Alltag mit dem Hund sieht oft ganz anders aus. Natürlich wird sich ein Welpe ohne menschliche Zuwendung oder in artwidriger Aufzucht nicht zu einem idealen Familienhund entwickeln können. Es werden sich bei artwidriger Aufzucht, wie beispielsweise einer Aufzucht in Isolation, Verhaltensstörungen zeigen.

Ebenso wird sich ein Hund mit angeborener Ängstlichkeit und/oder mit angeborener Aggressivität, gepaart mit der Neigung zu Dominanz trotz intensiver menschlicher Zuwendung und Training teilweise schon als Welpe zu einem fluchtbereiten Angstbeißer bzw. aggressiven, dominanten Hund entwickeln. Eventuell kann er sich später durch geschicktes Training dennoch bis zu einem gewissen Grad zu einem halbwegs umgänglichen Hund entwickeln. Außerdem spürt ein Hund, bei wem Gehorsam und Beherrschung nötig ist und bei wem mehr toleriert wird.

Ein Hund mit ausgeprägter Veranlagung zum Raufen wird sich im Alter von ca. 6 Wochen, trotz Sozialisierung und guter Erziehung (bzw. teilweise auch schon, bevor man mit der Erziehung beginnen kann), zum Raufer entwickeln. Zunächst wird er die Geschwister beißen, später möglicherweise jeden anderen Hund, dem er begegnet. Dies haben wir selbst bei drei Würfen beobachtet, bei denen ca. die Hälfte aller Welpen schon im Alter von 6-7 Wochen Raufer waren. Um zu verhindern, dass sie sich erheblich verletzten, mussten sie von den Geschwistern getrennt werden.

Ein Hund mit ausgeprägter Futterverteidigung wird sein Futter auch gegenüber Kleinkindern durch Zuschnappen verteidigen.

Nach jahrelangen Beobachtungen eines Bobtail-Rudels neben einem Eurasier-Rudel, konnte ich enorme Verhaltensunterschiede zwischen den beiden Rassen feststellen, obwohl sie unter vergleichbaren Umweltbedingungen gehalten und von denselben Menschen betreut wurden.

Auch das Austauschen einzelner, erst wenige Tage alter Welpen zwischen den beiden Rassen und die Aufzucht in einer gemischten Welpen Gruppe, veränderte das rassetypische Verhalten nicht. Dies ist ein Beweis dafür, dass das unterschiedliche Verhalten angeboren und vererbbar ist. Andere Merkmale sind weniger dominant.

Diese Beispiele zeigen, dass es Sinn macht, eine gezielte Zuchtauswahl bzgl. des Wesens zu treffen, damit eine Rasse bzw. eine Linie nicht entartet. Außerdem ist dafür Sorge zu tragen, dass die Welpen unter optimalen Umweltbedingungen artgerecht aufgezogen werden, um so umweltbedingte Entwicklungsstörungen zu vermeiden.

Die einzelnen angeborenen Charakteranlagen treten zu verschiedenen Zeitpunkten, meist zwischen der 6. Lebenswoche und dem ersten Lebensjahr, teilweise auch später (mit ca. 18 Monaten) in Erscheinung, ohne dass der Hund einen Lernprozess durchmachen muss. So kann z.B. der Jagdtrieb oder die Angriffsbereitschaft gegenüber kleinen

Beutetieren bei einigen Hunden schon im Alter von ca. 6 bis 7 Wochen, bei anderen erst im Alter von 8 bis 16 Monaten zum ersten Mal durch ein schnell fliehendes Tier ausgelöst werden. Andere Eigenschaften, wie z.B. eine ausgeprägte Lautfreudigkeit, sind schon teilweise wenige Tage nach der Geburt bei einigen Würfen durch anhaltendes Fiepen oder Schreilaute erkennbar, obwohl die Welpen ausreichend Muttermilch und Wärme bekommen. Es gibt wiederum andere Würfe, bei denen nur selten Lautäußerungen zu hören sind. Im Alter von ca. 6 bis 8 Wochen kann man das lautfreudige Verhalten schon deutlicher erkennen. Durch geschickte Erziehung können es erfahrene Ausbilder etwas hemmen, jedoch in der Regel nicht dauerhaft verändern.

Züchter können immer wieder aufs Neue die Beobachtung machen, dass eine instinktsichere Hündin schon bei der ersten Geburt genau weiß, wie sie sich zu verhalten hat.

Das äußert sich durch folgende Verhaltensmuster:

- Ausscharren einer Wurfmulde oder Höhle
- Sauberlecken des Gesäuges
- Befreien der Welpen von der Fruchthülle
- Abnabeln, Trockenlecken und Wärmen der Welpen
- Bauchmassage der Welpen zur Anregung der Ausscheidung
- Sauberhalten des Wurflagers durch Auffressen von Kot und Urin
- Verteidigung der neugeborenen Welpen
- Zurücktragen von Welpen, die sich zu weit vom Wurflager entfernt haben
- und vieles mehr

Die Hündin verhält sich dabei instinktiv, ohne dass vorher die Möglichkeit bestand, andere Hündinnen zu beobachten und von diesen durch Nachahmung zu lernen.

Es gibt auch andere Verhaltensweisen, die sowohl durch das Erbgut wie auch durch Erfahrung beeinflusst werden.

Bei einer instinktsicheren Hündin ist fürsorgliche Brutpflege angeboren. Leider sind einige Hunderassen schon so degeneriert, dass sie auch nach mehreren Geburten ohne menschliche Hilfe nicht in der Lage sind, ihre Welpen aufzuziehen. Hier würde auch das Zuschauen bei instinktsicheren Hündinnen nichts verändern. Die Hilfe des Züchters hat den Erhalt von Erbgut ermöglicht.

In der Natur hätten sich solche degenerierten Verhaltensweisen nicht weitervererbt, da sie nicht überlebt hätten. Nicht nur das Verhalten einer Hundemutter vor, während und nach der Geburt ihrer Welpen, sondern auch viele andere Wesensmerkmale sind überwiegend angeboren. Dazu gehören leider auch solche, die von Menschen als störend empfunden werden.

Was das Fortpflanzungsverhalten betrifft, sieht es bei den Menschenaffen ganz anders aus. Eine Affenmutter muss das Verhalten durch Zuschauen bei anderen Affenmüttern lernen. Andernfalls ist sie nicht in der Lage, ihr Kind aufzuziehen. Dieses Problem gibt es oft in Zoologischen Gärten, weil noch vor nicht allzu langer Zeit die Affenbabys aus freier Wildbahn von ihren Müttern geraubt wurden. Um an die Affenbabys zu gelangen, wurde von den Tierfängern oft die ganze Affenfamilie erschossen (heute ist der Handel mit geschützten Tieren nur mit einem Abstammungsnachweis erlaubt). So konnten die Waisenkinder auch nie beobachten und lernen, wie man Kinder aufzieht und waren deshalb dazu auch nicht in der Lage. Dies änderte sich erst, als sie zum ersten Mal zuschauen konnten, wie Affenmütter ihre Babys aufziehen.

Ein Spaziergang mit einem gut veranlagten Hund kann, obwohl sein Verhalten noch nicht oder nur wenig durch Training verändert wurde, sehr entspannend und erholsam sein. Dazu gehört, dass er von Natur aus nicht an der Leine zieht, beim Freilauf nicht wildert und streunt, entgegenkommende fremde Menschen nicht belästigt, mit anderen Hunden nicht rauft, Jogger und Radfahrer nicht verfolgt und auf Zuruf schwanzwedelnd zu seinem Menschen kommt. Um das Verhalten zu festigen, sollte er insbesondere im Welpenalter, beim Herkommen auf Zuruf, jedes Mal gelobt werden. Insbesondere das Zusammenleben mit einem jungen Hund, der angeborene problematische Charakteranlagen hat, kann trotz beginnender Erziehung sehr anstrengend sein. So haben wir bei den inzwischen über 100 bei uns aufgezogenen Hunden immer wieder die Erfahrung gemacht, dass beim Hund durch Training nicht alles in die gewünschte Richtung zu verändern ist.

Im Allgemeinen ist es sehr leicht, dem Hund ein bestimmtes Verhalten, wie das Aufspringen auf den Tisch oder das Schlafen im Bett zu verbieten, weil der Hund durch Erfahrung schnell lernt, dass er dafür bestraft wird. Dabei handelt es sich auch meist nicht um eine angeborene Veranlagung oder Triebhandlung.

Jedoch ist es sehr schwierig, einen vor Freude bellenden Hund durch Erziehung zum Schweigen zu bringen, es sei denn, man nimmt ihm jede Freude am Begrüßen seines Menschen.

Ebenso ist es fast unmöglich, einen Hund mit ausgeprägtem Jagdtrieb durch Zuruf daran zu hindern, dem vor seiner Nase weglaufenden Hasen nicht hinterher zu hetzen.

Nun werden Sie sich als Leser fragen, wieso man dem Hund problemlos das Springen ins Bett oder auf den Tisch abgewöhnen kann, jedoch meist nicht das Verfolgen eines Hasen.

Die Ursache liegt darin begründet, dass es sich im ersten Beispiel um eine überwiegend erworbene Verhaltensweise und im zweiten um einen angeborenen Trieb handelt, der sich, wenn er sehr ausgeprägt ist, auch durch schmerzhafte Erfahrungen kaum unterdrücken lässt. Die schmerzhafte Erfahrung eines Hundes mit ausgeprägtem Jagdtrieb beim Angriff auf einen Igel ist hierfür ein sehr gutes Beispiel. Er wird den Igel bei der nächsten Begegnung noch intensiver angreifen, selbst dann, wenn er sich beim ersten Mal an den Stacheln erheblich verletzt hatte. Gewiss, es gibt auch Hunde, die aus Erfahrung lernen und beim nächsten Mal ein vorsichtigeres Verhalten zeigen. Mir wurde auch berichtet, dass sich Hunde mit sehr ausgeprägtem Jagdtrieb selbst durch ein Teletaktgerät nicht immer vom Verfolgen eines Hasen ablenken lassen.

Deshalb bemühen wir uns bei der Elo-Zucht durch eine gezielte Zuchtauswahl eventuelle Probleme bereits an der Wurzel zu bekämpfen. Wir wollen dadurch das Zusammenleben mit dem Elo angenehmer machen, dem Menschen die Erziehung erleichtern, Hundefeindschaften vermeiden und so auch dem Maulkorb- und Leinenzwang entgegenwirken. Wir machen immer wieder die Erfahrung, dass die meisten Hundehalter der Meinung sind, dass das Verhalten eines Hundes nur durch Aufzucht und Erziehung oder durch Nachahmung von Artgenossen, also nur durch die Umwelt, beeinflusst wird. An dieser Stelle möchte ich an zwei Beispielen die enorme Bedeutung des Erbgutes und zugleich auch den Einfluss des Menschen verdeutlichen.

1. Beispiel:

Ein unerfahrener Hundefreund kauft sich einen Welpen, der von Natur aus folgsam ist, jedoch beim Ausführen nicht immer auf den ersten Ruf zu seinem Herrn kommt. Als er nach mehrmaligem Rufen kommt, wird er dafür bestraft, weil er nicht gleich gekommen ist. Nach mehrmaliger Wiederholung wird sich der Welpe aus Angst vor Strafe, trotz seiner guten Veranlagung, seinem Menschen nur bis auf 2m nähern, dann jedoch wieder einige Meter flüchten.

Das Verhalten des Hundes ist ein Erziehungsfehler. Später, als der Hundehalter aus seinen Fehlern gelernt hat, lobt er den Welpen jedes Mal, auch wenn er erst nach mehrmaligem Rufen zurückkommt. Das Anleinen erfolgt erst, nachdem er ausgiebig gelobt wurde. Danach gibt es mit dem Herkommen keine Probleme mehr, weil der Welpe nicht mehr das Herkommen mit der Strafe des Anleinens verknüpft.

Als der inzwischen erfahrene Hundehalter einen Dingo-Welpen aufzieht, hat er anfangs den gleichen Erfolg. Als der Dingo jedoch ca. 12 Monate alt ist, geht er trotz intensiven Trainings auf Folgsamkeit seiner eigenen Wege und kommt erst Stunden oder gar Tage später zurück. Nicht, weil er falsch erzogen wurde, sondern weil seine Selbstständigkeit sowie die Suche nach Beutetieren angeboren ist und der Dingo seinen angeborenen Veranlagungen folgt. Der Dingo ist ein in Australien lebender, verwilderter Haushund.

Wesensbeurteilung:
Verhalten
gegenüber
Wildtieren

2. Beispiel

Ein genetisch gutmütig veranlagter Hund wird des Öfteren von Kindern geneckt. Irgendwann wird er sich durch kurzes Zuschnappen zur Wehr setzen, ohne jedoch das Kind ernsthaft zu verletzen.

Der zweite Hund ist dagegen entartet und hat die Veranlagung zum hemmungslosen Angreifen geerbt. Obwohl er gut erzogen und artgerecht gehalten wird und mit Kindern aufwächst, wird er schon nach den ersten Neckereien durch Kinder möglicherweise mit unangemessenen Angriffen reagieren.

Ich hoffe, dass es mir gelungen ist, dem Leser zu verdeutlichen, dass Aufzucht, Prägung und Erziehung sehr wichtig sind. Angeborene, sehr ausgeprägte Verhaltensweisen sind oft schwieriger zu beeinflussen als ein antrainiertes Verhalten. Insgesamt kann man sagen, dass sowohl Erbgut wie Umwelt das Verhalten eines Hundes formen.

So nutzen wir bei unserer Elo-Zucht die Möglichkeit, durch gezielte Zuchtauswahl über Generationen, Aufzucht unter idealen Bedingungen und auch durch Erziehung, das Verhalten erheblich zu beeinflussen, um so den idealen Gesellschaftshund zu züchten.

Mit großem Interesse habe ich das Buch „Der Wolf im Hundepelz" zum Thema Hundeerziehung gelesen. Der Autor dieses Buches ist Günther Bloch, ein erfahrener Hundeausbilder.

Ich kann dieses Buch nur jedem, der sich mit diesem Thema beschäftigt, empfehlen. Durch dieses Buch fand ich mich noch einmal mehr in der Aussage bestätigt, dass beim Hund nicht alles wegtrainiert werden kann. Eine übertriebene Territorialaggression z.B. kann oft nur reduziert, jedoch nicht völlig abgestellt werden. Ebenso wird in diesem Buch empfohlen, Verhaltensbesonderheiten vor der Anschaffung eines Hundes zu berücksichtigen.

Ich zitiere: „Die Anschaffung eines Spitzes zum Leben im Apartmenthaus wird ohne frühzeitige Beeinflussung der „losen Zunge" in einem Desaster enden, bis auf wenige Ausnahmen wäre er in einem solchen Umfeld völlig ungeeignet."

Wobei ich anmerken möchte, dass sich hier doch ernsthaft die Frage stellt, ob die meisten Hundebesitzer nicht völlig damit überfordert wären, das bellfreudige Verhalten in erträgliche Bahnen zu lenken. Ich möchte noch eine andere Stelle aus dem oben erwähnten Buch zitieren: „Border Collies und die neuerlich in Mode gekommenen Australian Shepherds sind ausgesprochen agil. Sie zeigen bei Beschäftigungslosigkeit oft stereotype Verhaltensweisen wie Kreisdrehen, Steine in die Luft oder vor die Füße des Menschen werfen, ...". Ein paar Zeilen weiter wird darauf hingewiesen, „...dass es keine Wunderrassen gibt, die gleichermaßen kinderlieb, pflegeleicht und einfach zu erziehen sind und auch noch misstrauisch jeden Eindringling stellen." Diese Lücke haben wir schon vor Jahren erkannt, und wir versuchen, sie durch die Zucht des Elo auszufüllen. Der Leser wird auch darauf hingewiesen, dass ein Hund, der in einer Apartmentsiedlung lebt, per Gerichtsbeschluss zu „erlaubten Bellperioden verdonnert wird, außerhalb derer er sich ruhig und gesittet zu verhalten hat".

Zu den Herdenschutzhunden sagt Günther Bloch: „Bereits im Alter von sechs bis acht Wochen werden die Welpen mit Nutzvieh jeglicher Art zusammengebracht. Sie brauchen kein - mitunter wenig - spezielles Training und scheinen instinktiv zu wissen, was sie zu tun haben."

Bei Herdenschutzhunden oder anderen Gebrauchshunderassen wie Hütehunden war das Anzüchten von rassetypischen Verhaltensweisen schon vor Jahrhunderten möglich, weil diese teilweise schon bei der ersten Begegnung eine Schafherde umkreisen, ohne dass es ihnen jemals beigebracht wurde.

Ähnliches streben wir auch bei dem Familiengebrauchshund Elo an. Das heißt für uns, dem Hund die rassetypischen Verhaltensmerkmale, die als Familien- und Gesellschaftshund besonders sinnvoll sind, anzuzüchten, damit er instinktiv weiß, was er zu tun hat.

Obwohl dies nicht hundertprozentig erreichbar sein wird, haben wir dieses Zuchtziel bei einigen Hunden schon so gut wie erreicht. Diese Hunde, insbesondere die Rüden, werden bereits in der Zucht eingesetzt.

Bemerkenswert in dem schon erwähnten Buch sind die Ausführungen über die Domestikation von Silberfüchsen durch den russischen Forscher D. Belyaev, dem es innerhalb von 20 Jahren durch Selektion gelungen war, aus ängstlichen Silberfüchsen zahme, zutrauliche Haustiere zu züchten, die sich auch in der Fellfarbe verändert hatten. Einige Tiere waren gescheckt. Die Silberfüchse begrüßten zum Teil den Menschen schwanzwedelnd.

Nach dem Lesen dieses Buches sah ich meine Auffassung bestätigt, dass Wesensveränderungen durch Selektion möglich sind und als rassetypische Merkmale angezüchtet werden können.

In der Zeitschrift „Der Hund" Nr. 4/1998 bekräftigte auch die Diplompädagogin und Fachbuchautorin Gabriele Niepel in dem Artikel „Problemhund - Problemmensch?", dass an problematischen Hunden nicht immer nur die Hundehalter schuld sind. Sie äußert sich zu diesem Thema wie folgt: „Kein Hundebuch, in dem Hundebesitzern nicht klar gesagt wird, dass sie entscheidend dafür verantwortlich sind, was aus ihrem Hund wird." Weiter heißt es: „Es wird der Eindruck vermittelt, als handele es sich bei einem Welpen um ein unbeschriebenes Blatt, auf dem der Halter nur mit der richtigen Handschrift zu schreiben braucht, und schon hat er die Garantie dafür, dass er einen psychisch gesunden, wohlerzogenen, unproblematischen Hund formen kann. Dies ist ein Irrglaube und drückt den gleichen Machbarkeitswahn aus, wie es ihn auch in der Humanerziehungswissenschaft und -psychologie gegeben hat - nur, dass er dort eben der Vergangenheit angehört." Wieder ein paar Zeilen weiter heißt es: „Leider gibt es bislang zu wenige wissenschaftliche Studien über den Einfluss der Vererbung auf das Wesen und Verhalten des Hundes - was vielleicht darin begründet liegt, dass man sich so ganz und gar auf die Umwelteinflüsse eingeschossen hat." Soweit Gabriele Niepel.

Ich habe über viele Jahre Verhaltensvergleiche zwischen Bobtail, Eurasier und auch Shelties durchgeführt. Die Erkenntnisse möchte ich hier erwähnen: Ich habe z.B. Unterschiede hinsichtlich der Aggressivität gegenüber Artgenossen beobachten können. Während die von mir beobachteten Bobtails und Shelties als Hütehunde gegenüber neuen ausgewachsenen Rudelmitgliedern meistens friedlich waren, konnte das Eurasier-Rudel in der Regel nicht durch erwachsene Tiere vergrößert werden. Dagegen war die Vergrößerung mit in der Zuchtstätte geborenen Welpen meist problemlos.

Hütehunde wie Bobtails und Shelties müssen auf Friedfertigkeit hin selektiert werden, weil sie sich sonst ständig bekämpfen würden. Jagdhunde wie Dackel wurden für die Baujagd gezüchtet und sollten mutig im Bau mit dem Dachs kämpfen. Dem gegenüber wurden Beagle als Meutehunde für das friedliche Zusammenleben selektiert. Rassevergleiche zwischen einzelnen Hunderassen machen Sinn, weil sie den enormen erblichen Einfluss verdeutlichen. Gleichzeitig zeigen sie auch, wie wichtig es war, mit der Zuchtauswahl auf Wesen in Richtung Familienhund zu beginnen, um weitere Beweise über den erblichen Einfluss zu sammeln.

Scott und Fuller haben 1965 über Verhaltensunterschiede verschiedener Rassen (Basenji, Beagle, Cocker Spaniel, Shetland Sheep Dog, Foxterrier) geforscht. Einige ihrer Erkenntnisse möchte ich hier kurz erwähnen: Sie fanden z.B. hinsichtlich der Aggressivität versus Friedfertigkeit Unterschiede zwischen den untersuchten Rassen. Diese Unterschiede machen Sinn: „Meutehunde, wie Beagles, müssen auf Friedfertigkeit hin selektiert worden sein, weil sie sich sonst ständig bekämpfen würden. Foxterrier wurden zu einem anderen Gebrauchszweck (die freie, selbständige Jagd auf Dachs und Fuchs) gezüchtet, für den ein friedfertiges Verhalten nicht nur nicht nötig war, sondern geradezu kontraproduktiv ist."

Mit großer Freude habe ich den Artikel gelesen, weil er genau meine Erfahrung bestätigt. Gleichzeitig zeigt er auch, wie wichtig es war, mit der Zuchtauswahl auf Wesen in Richtung Familienhund zu beginnen, um weitere Beweise über den erblichen Einfluss zu sammeln.

Mit großer Verwunderung nahm ich indessen die „Gefahren-Hundeverordnung" der Landesregierung von Nordrhein-Westfalen zur Kenntnis, weil auch hier wiederum, wie es Gabriele Niepel schon in ihrem Artikel schrieb, an den Problemhunden immer nur die Hundehalter bzw. die Umwelt des Welpen als Schuldige dargestellt werden. So heißt es unter anderem in dem Ministerialblatt für das Land Nordrhein-Westfalen Nr. 83 vom 3. November 1995:

„Wenn Hunde sich später als Problemhunde entwickeln, ist dies in der Regel vom Menschen verursacht worden. Entweder sind sie während der Prägungsphase nicht genug auf den Menschen geprägt oder durch falsche Ausbildung verdorben worden. Auch ständige Isolierung im Zwinger oder an der Kette kann der Grund einer solchen Fehlentwicklung sein."

Leider wird mit keinem Wort auf angeborenes bzw. angezüchtetes aggressives, problematisches oder vererbbares ängstliches Verhalten eingegangen.

Es werden bei den Fragen zur Lernkontrolle unter anderem diese Fragen gestellt:

20. Die Aggressionen des Hundes
   a)   sind anerzogen
   b)   sind ererbte Eigenschaften
   c)   können durch gezielte Ausbildung völlig unterdrückt werden
   d)   können durch gezielte Ausbildung unter Kontrolle gehalten
          werden

Man sollte es nicht glauben, die richtigen Lösungen nach dem Fragebogen sind nur a) und d).
Ein Freibrief für das Züchten auf Aggressivität?
Richtig wäre a), b) und d), wobei es sich nach meiner Erfahrung zunächst
um angeborene Eigenschaften handelt, die durch Training gefördert oder
unterdrückt werden können.

28. Das Führen von zwei Hunden gleichzeitig ist
   a)   gefahrlos, wenn beide angeleint sind
   b)   gefahrlos, wenn ein Hund angeleint ist
   c)   immer gefährlich

Die richtige Lösung nach dem Fragebogen ist c).

Gewiss, wenn es sich um besonders gefährliche, aggressive Hunde
handelt, wäre das zutreffend. Nur wenn es sich um besonders friedliche
Hunde handelt, ist dies nach meiner Erfahrung nichtzutreffend. Beste
Beweise liefern die Elo, die täglich in einem Rudel von 6 bis 7 Hunden in
einem nahegelegenen Stadtwald Freilauf hatten. Als wir noch in Hannover wohnten, haben wir über 15 Jahre das Verhalten der Elo beobachtet.
Dort hatten sie auch zahlreiche Begegnungen mit Joggern, Fußgängern
und Radfahrern, ohne dass es bisher Angriffe auf Personen oder Artgenossen gab. Allenfalls wurden auffällige Personen angebellt.
Ich möchte noch hinzufügen, dass in dem o.g. Fragebogen auch ein Hinweis stand, dass Aggressionszuchten verboten seien, obwohl auf dem
gleichen Fragebogen aggressives Verhalten angeblich anerzogen sei.
Was für ein Widerspruch!
An dieser Stelle möchte ich einmal darauf hinweisen, dass ich mehrmals
die zuständigen Politiker angeschrieben habe, ohne dass sie auf mein
Schreiben eingegangen wären. Als Bestätigung meiner Schreiben habe
ich dann Jahre später einen bedeutungslosen Serienbrief erhalten.

Unsere jahrelangen Beobachtungen stimmen mit denen der hier zitierten Fachleute überein, wonach vor allem ängstliches oder aggressives Verhalten angeboren und vererbbar ist. Gewiss kann Angriffsbereitschaft bis zu einem gewissen Grad durch Training noch weiter gesteigert werden, um so die letzte Hemmschwelle abzubauen. Andererseits wird sich ein friedlich veranlagter Hund niemals zu einer Kampfmaschine entwickeln, auch wenn dies immer wieder behauptet wird. Ebenso kann man einen ängstlichen Hund sehr leicht verunsichern.

Sollte jedenfalls ein Elo-Züchter die Meinung vertreten, dass aggressives oder problematisches Verhalten, sei es gegenüber Menschen, Artgenossen oder anderen Tierarten, nur umweltbedingt wäre und kein Zusammenhang mit dem Erbgut bestehe und dass man auch mit sehr aggressiven oder problematischen Hunden weiterzüchten könne, würde er von uns keine Erlaubnis für das Züchten von Elo bekommen. In diesem Zusammenhang möchte ich auf die angezüchtete Anfälligkeit für Wutanfälle, insbesondere bei dem roten Cocker Spaniel hinweisen, worüber in der Fachliteratur berichtet worden ist. Dies wurde mir auch von zahlreichen Besitzern von Cocker Spaniels bestätigt. Somit richte ich meinen Appell insbesondere an die Politiker, die genannte Verordnung zu korrigieren bzw. diese von anderen Bundesländern nicht kritiklos zu übernehmen.

In letzter Zeit wird auch immer häufiger über Angriffe von Golden Retrievern auf die eigene Familie berichtet. Wie ich erfahren habe, hat man bei der Sektion einiger dieser Tiere Wasser im Gehirn gefunden. Bei den beiden erwähnten Rassen scheint es sich um eine hoch vererbbare Aggressivität zu handeln, ebenso bei Rassen, die auf Kampftrieb gegenüber Menschen gezüchtet wurden. Diese Veranlagung kann man nicht nur durch bessere Prägung oder Erziehung beseitigen, sondern vor allem durch eine gezielte Zuchtauswahl. Aufgrund der hier geschilderten falschen Behauptung, dass aggressives Verhalten immer nur umweltbedingt sein solle, müssen wir befürchten, dass das Züchten gegen aggressives Verhalten vernachlässigt wird. Umso wichtiger und notwendiger wird die Verbreitung der Elo-Zucht sein, weil hier eine gezielte Zuchtauswahl auf umgängliches, verträgliches Wesen erfolgt.

3.4 Der Familiengebrauchshund

Wir verstehen darunter einen Hund, der an unsere stark veränderten Lebensverhältnisse der vergangenen Jahrzehnte angepasst ist. Das möchte ich hier charakterisieren:

Unsere Lebensverhältnisse und der Familiengebrauchshund

Der Lebensraum des Hundes ist eingeschränkt. Einen großen Teil des Tages muss er allein in einer Wohnung oder in einem kleinen Garten verbringen.

1. Die Möglichkeiten zu freier Beweglichkeit sind oft eingeschränkt.
2. Vom Hund dürfen keine erheblichen Störungen oder Belästigungen gegenüber den Nachbarn ausgehen.
3. Andere Haus- und Wildtiere sollen möglichst unbehelligt bleiben.
4. Personen und besonders Kinder dürfen durch den Hund weder belästigt noch gefährdet werden.
5. Der Hund darf keine Verkehrsgefährdung verursachen.
6. Vom Hund wird möglichst frühzeitige Stubenreinheit erwartet.
7. Der Hund soll lernfähig und kontaktfreudig zu seinem Menschen sein, jedoch reserviert zu Fremden und diese zurückhaltend begrüßen.
8. Von ihm wird ein robustes, belastbares Wesen erwartet.
9. Er soll weder Erbkrankheiten noch angeborene Verhaltensstörungen bzw. kein problematisches Wesen aufweisen.

Festzustellen ist, dass im Laufe der mehrtausendjährigen Geschichte der Domestikation des Hundes sehr praktische Bedürfnisse des Menschen die Herausbildung der meisten unserer heutigen Hunderassen beeinflusst und geprägt haben. Der heutige Bedarf an Hunden zum Gebrauch für die Jagd, zur Bewachung von Weidetieren, zum Schutz des Menschen vor körperlichen Angriffen und als Zugtier ist zumindest in Mitteleuropa relativ begrenzt. Oft werden die während vieler Zuchtgenerationen erlangten Fertigkeiten von Hunden nur noch aus Tradition oder sportlichen Gründen züchterisch verbessert. Gründe, die heute die Anschaffung eines Hundes bestimmen, spielten früher für viele Menschen eine untergeordnete Rolle. Dementsprechend erfolgte auch keine gezielte Zuchtauswahl in Bezug auf die Eigenschaften als Familienhund, die heute von einem breiten Personenkreis erwartet werden. Aus diesem Grund besteht für Familiengebrauchshunde ein großer züchterischer Nachholbedarf. Die oben dargestellten Konflikte, die bei Haltung von Hunden auftreten, resultieren oft aus der Entscheidung für eine ungeeignete Rasse. Für Hunde, die auch heute noch zu Aufgaben verwendet werden, für die sie gezüchtet wurden, ergeben sich wesentlich veränderte Situationen. Der Hund, wie er heute sehr oft gewünscht wird, muss einiges vertragen können, und der Mensch muss ihn im Hinblick auf unsere hohe Siedlungsdichte ertragen können.

Damit ist aber nicht gemeint, dass das Tier Vernachlässigung und grobe Behandlung geduldig ertragen können muss, keinen freien Auslauf benötigt und alle Absichten seines Halters richtig zu deuten vermag.

Für einen Hund ohne vorrangige Nutzung für einen der traditionellen Verwendungszwecke (mit Ausnahme der Wach- und Verteidigungsfunktion), der mehr Partner als Werkzeug oder Diener seines Herrn (oder seiner Frau) sein soll, wird oft der Begriff „Familienhund" verwendet.

Wir wollen diesen Begriff weiterverwenden, bzw. ihn durch Familiengebrauchshund ergänzen, obwohl er irreführend sein kann, weil der Hund nicht nur für das Leben in einer Familie mit Kindern sondern auch für Alleinstehende (Singles) ideale Eigenschaften mitbringen soll.

Um eine Hunderasse zu züchten, die allen erwähnten Bedürfnissen und gegebenen Verhältnissen entspricht und die darüber hinaus, frei von Deformationen, Missbildungen und Degenerationen ist, hat es an Zeit gefehlt. Ich musste leider feststellen, dass unsere Hundezuchtorganisationen, Verbände, Vereine und Züchter meines Wissens nach keine gezielte Zuchtauswahl nach derart festgelegten Zuchtauswahlkriterien in großem Rahmen betrieben haben - ausgenommen der Zucht der Blindenführhunde.

Vielleicht wurde auch eine diesbezügliche Entwicklung „verschlafen" oder an einem veränderten Markt vorbeigezüchtet. Vielleicht sollte dieser bewusst nur mit eingeschränkt geeigneten „Rassen" bedient werden. Das hat mich veranlasst, durch Nutzung des Erbgutes verschiedener Hunderassen, eine Kombination erwünschter Merkmale und Eigenschaften durch eine Neuzüchtung zu erreichen. Gleichzeitig wollte ich auch Erfahrungen über das Wegzüchten von rassetypischen Deformationen, die Vererbung von Charakteranlagen sowie äußeren Merkmalen extrem unterschiedlicher Rassen sammeln. In diesem Zusammenhang möchte ich die schweizerische kynologische Gesellschaft (SKG) erwähnen, die schon vor Jahrzehnten erkannt hat, dass die Ausbildung von Wesensrichtern notwendig ist. Sie hat den Leitfaden für Wesensrichter „Wesensgrundlagen und Wesensprüfungen des Hundes" aus dem Jahre 1984 von Eugen Seiferle und Emil Leonhardt herausgegeben. Schon 1935 schreibt Dr. Menzel: „Die Grundlagen hundlichen Wesens werden genauso vererbt wie die Haarfarbe, die Ohrform oder die Gliedmaßen Stellung."

Der „Familiengebrauchshund", charakterisiert nach meinen Vorstellungen:
1. Größe in zwei Varianten von 35 – 45 cm u. 46 – 60 cm Schulterhöhe (wobei die meisten nicht größer als 55 cm werden)
2. sehr pflegeleichtes Haar
3. frei von erblich bedingten Krankheiten oder Anfälligkeiten
4. ansprechendes Äußeres mit geringem Körpergeruch
5. ruhiges bis mittleres Temperament
6. ohne starken Bewegungsdrang, aber nicht träge
7. lernfreudig und intelligent
8. ohne Jagd- und stärkeren Sexualtrieb
9. unterordnungsbereit ohne Furchtsamkeit
10. Veranlagung zur schnellen Stubenreinheit
11. wachsam, aber nicht bellfreudig
12. verträgliches Verhalten gegenüber Mensch und Tier
13. kindergeeignetes Verhalten (wichtigste Eigenschaft)
14. intaktes Sozialverhalten
15. stressunempfindlich

Näheres dazu unter 4.4.3 Wesensstandard.

Wir sind uns bewusst, dass ein Hund mit einer Schulterhöhe von ca. 60cm als Familiengebrauchshund recht groß ist. Wir planen jedoch eine spezielle Linie (als Therapie-, Service-, Rettungs-, Behindertenbegleit- oder auch als Blindenführhund) zu züchten. Für eine Ausbildung zum Blindenführhund wird meist ein großer Hund gewünscht.
Das Zusammentreffen all dieser Eigenschaften überlassen wir nicht dem Zufall. Wir versuchen durch intensive Tierbeobachtung, Befragung des

Hundehalters und durch neu erarbeitete Wesensbeurteilungsmethoden speziell für den Familienhund eine gezielte Zuchtauswahl zu treffen, um so diese Eigenschaften von Generation zu Generation im Erbgut des Elo zu verankern und zu verbessern.

Um dies zu ermöglichen, gründeten wir, nachdem das Interesse am Elo größer geworden war und weitere Züchter Interesse an den Zuchtzielen gezeigt hatten, den Verein „Elo Zucht- und Forschungsgemeinschaft (EZFG) e.V.", zunächst unter der Bezeichnung „Zuchtgemeinschaft für Eloschaboro e.V.".

Dadurch konnten wir einige Aufgaben an Elo-Freunde übertragen und so das Selektionspotential erheblich erweitern. Gleichzeitig konnten wir einen rascheren Zuchtfortschritt verbuchen.

Im Jahre 2000 wurden die ersten Richter zur Wesens- und Standard-prüfung gemeinsam von einem erfahrenen Zuchtrichter und mir ausge-bildet, wobei die Ausbildung zur Wesensbeurteilung von mir vorgenom-men wurde. Nur so konnte die ständig wachsende Zahl der Elo-Zucht-tiere, die inzwischen nicht nur über ganz Deutschland, sondern auch in der Schweiz, Österreich und Holland verteilt sind, gewissenhaft und nach den gleichen Kriterien beurteilt werden.

Hierzu möchte ich anmerken, dass für die Beurteilung eines Familien-hundes bisher keine Literatur zur Verfügung steht, außer dem bereits erwähnten Leitfaden für Wesensrichter aus dem Jahre 1984, welcher sich überwiegend mit der Beurteilung von Schutzhunden befasst.

So mussten wir zu Beginn einige Beurteilungsmethoden speziell für den Familiengebrauchshund erarbeiten, diese beschreiben, abwarten und beobachten, ob sie sich bewähren oder Verbesserungen möglich bzw. auch notwendig sein würden.

3.5 Biologische Verhaltensgrundlagen von Hunden

Bei der Züchtung unserer Haushunderassen wurde die gezielte Zucht-auswahl auf kindergeeignetes Verhalten der Hunde über lange Zeit wohl kaum berücksichtigt, man beschränkte sich in der Regel auf die Rasse-beschreibung und Erziehung.

Der harte Existenzkampf, dem Mensch und Hund über Jahrtausende ausgesetzt waren, ließ den friedfertigen Individuen lediglich verminderte Lebens- und Fortpflanzungschancen.

Instinkthandlungen dominieren das Verhalten der Tiere. Diese Instinkte sind angeboren. Sie erlauben ein schnelles Reagieren, was in Gefahrensituationen entscheidend ist. Der Hund ist selbstverständlich auch lernfähig, kann Standardverhalten unterdrücken und sich auf neue Situationen einstellen. Die anatomischen Verhältnisse des Gehirns setzen der Lernfähigkeit des Hundes natürlich engere Grenzen als der des Menschen. Ein friedfertiges Verhalten hätte beim Wildhund die Arterhaltung gefährdet. Es war nur gegenüber Artgenossen für den Zeitraum der Unselbständigkeit während der Aufzucht zweckmäßig. Das für den Nahrungserwerb vorteilhafte Zusammenleben der Wildhunde im Rudel machte Verhaltensmuster (Spielregeln) für den Umgang miteinander notwendig. Spielerischer Kampf diente der körperlichen Ertüchtigung für die Beutejagd und Verteidigung. Körperliche Überlegenheit musste in Auseinandersetzungen bestätigt werden. Die Vernichtung eines Unterlegenen wäre für die Arterhaltung von Nachteil gewesen. So entwickelte sich die Beißhemmung bei Unterwerfungsgesten des Unterlegenen.

Die heute übliche Einzelhaltung von Hunden in der Familie (mit und ohne Kinder), der fehlende Zwang, für den Nahrungsbedarf selbst sorgen zu müssen, die fehlenden Jagdmöglichkeiten und neue Aufgaben zwingen uns in jüngster Zeit, das Verhalten von Hunden durch Selektion zu verändern. Das Erbgut der Vorfahren ist jedoch noch bei vielen unserer Hunderassen mehr oder weniger erhalten geblieben. Das im Zusammenleben der Menschen so erwünschte friedliche Miteinander auf Basis der Gleichberechtigung ist eine Besonderheit der Zivilisation.

In konfliktbezogenen Aufgabenbereichen (Militär) besteht eine hierarchische Struktur wie im Wildhunderudel. Die Festlegung der Rangordnung erfolgt beim Militär jedoch weniger nach Kriterien körperlicher Leistungsfähigkeit als nach intellektuellen Fähigkeiten und Erfahrungen (Dienstalter).

Den Hunden wurde bei ihrer auf Beutejagd gegründeten Lebensweise die Friedfertigkeit nicht in die Wiege gelegt. Sie streben natürlich im Rudel nach einem möglichst hohen Rang, der ihnen in verschiedener Weise Privilegien einräumt, finden sich aber auch mit der Führungsposition des Menschen freiwillig oder nach entsprechender Unterweisung ab. Kleine Kinder sowie physisch und psychisch schwache Personen werden weniger bereitwillig als „Leithund" akzeptiert als kräftige, energische. In vertrauter oder fremder Umgebung reagieren Hunde oft völlig unterschiedlich. Ebenso ist zu beachten, dass auch Hunde wie die Menschen Stimmungsschwankungen unterliegen.

Habgier, Eifersucht, Streben nach Dominanz und Gereiztheit sind auch beim Hund deutlich wahrnehmbare Verhaltenseigenschaften, die erblich oder durch äußere Einflüsse mehr oder weniger in Erscheinung treten. Oft sind ungewöhnliche Verhaltensweisen die Folge des Zusammenwirkens mehrerer Faktoren.

Daraus folgt: Friedfertigkeit von Hunden gegenüber Artgenossen, anderen Tieren und Menschen, insbesondere ein kindergeeignetes Verhalten, basieren nicht auf den natürlichen Erbanlagen der Vorfahren unserer Hunderassen, sondern müssen durch weitere gezielte Zuchtauswahl in diese Richtung gefördert werden, damit sie zu einem rassetypischen Verhaltensmerkmal werden. Die Züchtung hat die ursprünglich vorhandenen Raubtiereigenschaften zurückgedrängt, um die Gefährdung des Menschen (der Familienmitglieder) zu vermindern und wiederum andere Eigenschaften durch gezielte Selektion gefördert. Auch durch Erziehung können erwünschte Eigenschaften gefördert und unerwünschte gemildert oder unterbunden werden.

Ein gewisses Maß an Unberechenbarkeit im Verhalten von Hunden ist weder durch Züchtung noch Erziehung völlig auszuschließen, jedoch wird die Wahrscheinlichkeit eines Angriffes gegenüber Kindern bei gezielter Zuchtauswahl über viele Generationen wesentlich geringer sein, als wenn keine Selektion erfolgen würde.

Die Grenzen, ein nicht gesellschaftskonformes Verhalten einzelner Menschen zu unterbinden, sind bekannt. Eltern, Lehrer, Lehrausbilder, Vorgesetzte, Mediziner, Psychologen und Therapeuten, Kirchen, Gerichte und der Strafvollzug bemühen sich, auf den Menschen so einzuwirken, dass sein Verhalten die Gesellschaft nicht in unzumutbarer Weise belastet. Bei Haustieren bestehen derartige Einwirkungsmöglichkeiten nicht. Dagegen liegt es in der Hand des Züchters, das kindergeeignete Sozialverhalten von Hunden zu beeinflussen. Es ist leider in der Praxis so, dass von den züchterischen Selektionsmöglichkeiten diesbezüglich kaum Gebrauch gemacht wird.

Natürlich haben viele Züchter erkannt, dass sich ein breiter Markt für friedliche und kinderfreundliche Hunde entwickelt hat. Solche Eigenschaften werden oft als Rassemerkmale pauschal offeriert. Eine gezielte Zuchtauswahl auf kindergeeignetes Verhalten wird hingegen kaum praktiziert. Da sich dieses Verhaltensmerkmal nicht so eindeutig wie ein Körpermerkmal nachweisen lässt, muss der Interessent zwar nicht die Katze, aber gewissermaßen den Hund im Sack kaufen.

Die Elo-Zucht orientiert sich an einem **biologisch sinnvollen Standard**. Weil dieser Begriff bis jetzt sehr häufig verwendet wurde und dieses Buch auch für den mit der Hundehaltung noch wenig Vertrauten sein soll, möchte ich näher darauf eingehen.

Ein biologisch sinnvoller Standard im Äußeren sowie im Wesen ist zunächst alles, was in der Natur durch die natürliche Auslese entstanden ist, wie die Wildform des Hundes, der Wolf. Veränderungen des Haustieres in bestimmten Grenzen sind möglich und sogar erwünscht, sofern für die einzelnen Rassen kein Nachteil entsteht. Im Wesen sind sogar gewisse Veränderungen für ein Leben mit dem Menschen notwendig. Trotzdem dürfen Instinkte, vor allem die Brutpflege und das intakte Sozialverhalten, nicht verkümmern. Unnatürliche Körperformen können ein Tier zwar interessant erscheinen lassen, behindern den Hund aber oder schaden sogar seiner Gesundheit.

Inzwischen wurde festgestellt, dass zwischen Wesen und Farbe bei vielen Tierarten ein enger Zusammenhang besteht (bei einigen Tierarten liegen wissenschaftliche Untersuchungen vor). So ist es sogar sinnvoll, bzgl. der Haarfärbung eine andere Zuchtauslese zu treffen als von der Natur vorgegeben, in der die Wildfarbe in verschiedenen Grautönen vorherrscht.

Näheres dazu finden Sie in dem Buch „Domestikation, Verarmung der Merkwelt" von Professor Helmut Hemmer, erschienen im Vieweg Verlag.

3.6   Ist kindergeeignetes Verhalten als rassetypisches Merkmal bei Hunden anzüchtbar?

Die wissenschaftlich-technische Revolution hat unser Leben und unser Verhältnis zu den Haustieren stark verändert. Unsere Familien sind kleiner geworden. Nur noch selten leben mehrere Generationen unter einem Dach. Familien mit mehreren Kindern, die miteinander spielen können, sind ebenfalls selten geworden. Teures Spielzeug kann einen lebenden Spielgefährten nicht ersetzen. Vielfach wird in einem Haustier ein Ersatz gesucht. Kein anderes Tier eignet sich dazu besser als der Hund, der übrigens auch von vielen alleinstehenden Erwachsenen als Partnerersatz gewählt wird.

Nun ist das Zusammenleben von Mensch und Hund speziell unter den für die Bedürfnisse von Hunden beengten Wohnverhältnissen nicht unproblematisch. Besonders kritisch kann es jedoch für wehrlose Kleinkinder werden.

Nach Angaben des Deutschen Kinderschutzbundes, wurden in den 90iger Jahren (in den alten Bundesländern) jährlich ca. 10.000 Kinder von Hunden gebissen. In den meisten Fällen wird es sich vermutlich nur um harmlose Verletzungen gehandelt haben. Leider gibt es aber auch Fälle, die dauerhaft psychische Störungen, schwere Verletzungen und gelegentlich sogar den Tod des betroffenen Kindes zur Folge haben. Als Beispiel für einen Fall, der die Öffentlichkeit sehr erregte, möchte ich den Tod eines vier Jahre alten Mädchens erwähnen. Am 9. September 1993 hatte ein gescheckter Doggen-Rüde eines Rockstars das Kind tödlich verletzt. Aus diesem Anlass wurde der Fall besonders gründlich untersucht.

Aus den widersprüchlichen Äußerungen der eingeschalteten Experten wurde sehr deutlich, welche Wissenslücken zum Verhalten des Haustieres Nr. 1 - dem Hund - sogar bei Experten bestehen.

Der Hund war in einer Hundeschule von einem erfahrenen Trainer als Familienhund ausgebildet worden und galt bis zu diesem Unglücksfall als ausgesprochen friedlich. Die Sachverständigen lieferten verschiedene Deutungen für die Ursache des Unfalls:

1. Doggen verfügen über kein ausgeprägtes Mienenspiel und sind generell unberechenbar.
2. Beim Spiel fiel das Kind zu Boden und hielt die für Hunde üblichen Unterwerfungsgesten des Unterlegenen nicht ein.
3. Das Kind könnte sich verletzt haben, wodurch eine blutende Wunde einen Angriffsrausch bei der Dogge ausgelöst hat.

Ich bin davon überzeugt, dass durch eine gezielte Zuchtauswahl vieles hätte verhindert oder mindestens weitestgehend ausgeschlossen werden können, denn durch eine blutende Wunde oder Nichteinhaltung der Unterwerfungsgesten hätte niemals ein Angriff ausgelöst werden dürfen. Durch die Durchführung einer Wesensbeurteilung, die bei allen Zuchthunden unseres Vereins Pflicht ist, oder durch gezielte Beobachtungen, hätte man wahrscheinlich das problematische Verhalten erkennen können, um dann rechtzeitig Gegenmaßnahmen zu ergreifen.

Der Tierpsychologe F. Brunner schreibt in seinem Buch „Der unverstandene Hund" Folgendes: „Mit Dressurmaßnahmen kann man extrem ausgeprägte Eigenschaften, die zum überwiegenden Teil auf angeborenen Faktoren beruhen, leider sehr wenig beeinflussen, am ehesten noch in der ganz frühen Jugend, wenn sie eben im Reifen begriffen sind."

Ähnlich äußert sich E. Ziemen in seinem Buch „Der Hund": „Solange wir Hunde halten, werden wir kleine Unfälle nicht ganz verhindern können. Die wirklich schweren oder gar tödlichen Unfälle aber dürfen und müssen nicht sein. Sie passieren in der überwiegenden Mehrzahl aller Fälle mit Hunden einiger weniger großer und auf aggressives Verhalten gezüchteter Rassen."

Merkmale eines „kinderfreundlichen" Hundes:

Bei meinem Vorhaben, einen besonders kindergeeigneten Hund durch Auswahl gut veranlagter Zuchttiere einer als verträglich geltenden Rasse zu züchten, musste ich feststellen, dass die von mir gewünschten Merkmale des Wesens, des äußeren Erscheinungsbildes und einer vitalen Erbgesundheit kaum zu finden waren. Sie hätten nur über einen äußerst langen Zeitraum innerhalb einer Linie zusammengeführt werden können. Bisher ist mir nicht bekannt, dass es Vereine gibt, die gezielt ihre Hunde auf kindergeeignetes Verhalten mit den dafür geeigneten Testmethoden auswählen und gezielt züchten. Ich entschloss mich daher, Zuchttiere verschiedener Rassen ungeachtet der zu erwartenden Unausgeglichenheit im äußeren Erscheinungsbild zu verwenden.

Im Rahmen dieser Neuzüchtung (Elo-Zuchtprogramm), die ja in der Tierzucht nichts Ungewöhnliches ist, stand „kindergeeignetes Verhalten" im Vordergrund der erwünschten Merkmale.

Ich beschränkte mich nicht darauf, von der Neuzüchtung nur eine geringere Gefährdung von Kindern zu fordern. Meine Vorstellungen umfassen wesentlich mehr.

Ein Hund, der von einer Familie mit Kleinkindern angeschafft wird, sollte auch äußere Merkmale aufweisen, die Kindertauglichkeit einschließen. Ein etwas längeres Fellhaar wird von Kindern bei engem Kontakt mit dem Hund als angenehm empfunden (Kuscheltiereffekt). Eine über den Rücken getragene gerollte Rute mit buschiger Behaarung bewahrt Kinder vor schmerzhaften (Ruten-) Schlägen, wie sie z.b. bei Doggen vorkommen können. Eine, zu starkem Speichelfluss (sabbern) neigende Rasse, eignet sich ebenfalls nicht zum intensiven Kontakt mit einem Kind.

Wesentlich bedeutender ist jedoch die Verhaltensstruktur des Hundes. Nicht zufällige Beobachtungen kindergerechten Verhaltens, sondern die Reaktionen des Hundes unter Prüfungsbedingungen, sollten die Entscheidung beeinflussen, ob das Tier für die Zucht geeignet ist oder nicht. Sinnvoll wären Wesensprüfungen für alle Hunde, also nicht nur für Zuchthunde, sofern diese mit Kindern zusammenleben.

Prüfungsmerkmale:
• Reaktion auf eine fluchtartige Entfernung eines für den Hund fremden Kindes, das dabei zu Boden fällt (der Hund ist angebunden und das Kind läuft außer Reichweite des Hundes)
• übersteigerte Ängstlichkeit verbunden mit Fluchtreaktionen
• Reaktion auf unsanfte Behandlung wie Haare zupfen durch eine fremde Person (Schmerzempfindlichkeit)
• Beuteverteidigung
• Geräuschempfindlichkeit, Schreckhaftigkeit
• Zugneigung beim Führen an der Leine
• übersteigerte Freundlichkeit (Anspringen, starkes Belecken vertrauter Personen)
• Verhalten gegenüber Artgenossen und anderen Tieren wie Kaninchen
• robustes, belastbares Verhalten

Hierzu einige Erläuterungen:

Fluchtreaktionen,
verbunden mit Stolpern und Hinfallen, lösen bei entsprechend veranlagten Hunden den Jagdtrieb aus, d.h. Verfolgen und ggf. Beißen des Flüchtenden. Ein Hund mit nur schwach entwickeltem bzw. fehlendem Jagdtrieb wird dem fortlaufenden und stolperndem Kind nur spielerisch

folgen oder gar nicht reagieren. Nach Meinung einiger Experten müssten die Hunde, die im Gehege und im gewachsenen Hunderudel leben und gar nicht oder kaum erzogen worden sind, besonders angriffslustig sein und ein weglaufendes, stolperndes Kind hemmungslos angreifen.

Die bisher beobachteten Elo, auch bei Aufzucht im Gehege und dementsprechend wenig Erziehung, taten dies nicht. Der Grund dafür ist vermutlich, dass sie von Natur aus friedlich veranlagt sind und dieses Verhalten auch nicht durch das Leben im Gehege verändert wurde.

Eifersucht

verursacht oft Angriffe auf den Konkurrenten aufgrund der Zuneigung durch die Bezugsperson. Geprüft wird die Reaktion auf Streicheln, welches einem Artgenossen in unmittelbarer Nähe des Testkandidaten verabreicht wird. Die Reaktionen können von Dulden der bevorzugten Behandlung des Artgenossen über ein sich Nähern und aktives Suchen nach einem Zuneigungsnachweis bis zum Fortdrängen, Anknurren oder Beißen des Rivalen reichen.

Hunde, die Konkurrenz oder eine derartige Benachteiligung nicht ertragen, können für Kinder in kritischen Situationen gefährlich werden. Das bestehende Risiko kann ein verantwortungsvoller Züchter bzw. Hundehalter vorbeugend prüfen.

Schmerzüberempfindlichkeit

Kinder behandeln einander und Haustiere nicht immer mit der gebotenen Rücksichtnahme. Es ist eine natürliche Reaktion, sich einer unangenehmen oder gar schmerzhaften Behandlung zu erwehren. Kindern ist sehr früh zu vermitteln, dass sie anderen Kindern oder Tieren keine Schmerzen zufügen dürfen. Beim Umgang mit einem Hund kann dieser aber auch unbeabsichtigt getreten oder verletzt werden. Die Abwehrreaktionen können im Ausweichen, Verkriechen, Knurren, ängstlichem oder drohendem Bellen, Scheinbeißen oder heftigem Zubeißen bestehen. Ein erfahrener Züchter bemerkt bei der Aufzucht eines Wurfes bzw. bei der Auswahl der Zuchthunde sehr schnell, ob ein Welpe oder adultes Tier gelassen und zurückhaltend oder übersteigert aggressiv auf einen ihm zugefügten Schmerz, wie unsanftes Ziehen am Fell, reagiert.

Bei der Wesensbeurteilung wird auch auf Schmerzempfindlichkeit durch Haare zupfen getestet. Im Interesse unseres Haustieres und des Kindes muss jedoch betont werden, dass das Leidensvermögen des Hundes nicht von einem Kind ausgetestet werden darf.

Es kann kein Zuchtziel sein, dass ein Hund sich gegen Misshandlung nicht mehr wehren darf. Deshalb werden die Zuchtrichter/Anwärter nicht nur theoretisch, sondern auch in der Durchführung der einzelnen Testpunkte ausgebildet.

Nahrungserwerb und -verteidigung

spielten in der Entwicklungsgeschichte des Hundes eine bedeutende Rolle. Viele Hunde verteidigen ihr Futter äußerst vehement. Dabei werden auch Kinder wie Futterkonkurrenten behandelt und häufig verletzt, wenn sie sich arglos einem fressenden Hund nähern.

Der kindertaugliche Hund wird auf die Annäherung beim Benagen eines Knochens gelassen reagieren und sich ggf. auf ein warnendes Knurren beschränken. Die Beuteverteidigung ist ein leicht handhabbarer Test, dennoch wird man dem Hundehalter mit Kind bzw. Kindern den Rat geben, auch einem Hund eine ungestörte Einnahme seiner Mahlzeit zu ermöglichen. Bei der Wesensbeurteilung des Elo wird auch getestet, ob er sein Futter aggressiv verteidigt oder nicht.

Geräuschempfindlichkeit

Hunde verfügen von Natur aus über ein empfindliches Gehör. Lauter Lärm durch spielende Kinder verursacht bei Hunden mitunter Unbehagen, das sich in Unruhe, Nervosität oder Aggressivität äußern kann. Der weniger geräuschempfindlich veranlagte Hund wird im Haushalt einer Familie mit Kind/Kindern besser geeignet sein als ein geräuschempfindlicher. Entsprechende Tests, wie Knallgeräusche mit der Peitsche, ermöglichen eine gezielte Zuchtauswahl.

Überprüfung der Zugneigung

Beim Spaziergang zeigen Kinder häufig den Wunsch, den Hund an der Leine führen zu dürfen. Kindertauglichkeit äußert sich auch darin, dass der Hund die Leine duldet, nicht zerrt oder plötzlich (z.B. beim Anblick einer Katze) davonschießt und das Kind umreißt. Das Verhalten an der Leine ist somit auch ein Kriterium für die Eignungsprüfung des kindertauglichen Familienhundes, wobei hinzugefügt werden sollte, dass dieses Verhalten bisher nur selten beobachtet wurde und deshalb bisher auch

46

nur als ein zusätzlicher Test durchgeführt wird. Hunde können auch ohne Erziehung (Dressur) leinentauglich sein.

Zuneigungsbekundungen

von Hunden können lästig und unangenehm sein. Natürlich möchte man eine freudige Begrüßung nicht missen. Ein freundliches Schwanzwedeln ist in der Regel ausreichend. Manche Hunde neigen leider zu übersteigerten Freudenbekundungen bei der Begrüßung vertrauter Personen, kläffen aufgeregt, springen den Menschen an, belecken Hände oder wenn zugänglich das Gesicht und finden nur langsam zu einem normalen Verhalten zurück. Dieses Verhalten wird meiner Beobachtung nach besonders durch das Erbgut geprägt. Der kindergeeignete Hund sollte seine Empfindungen deutlich, aber nicht überschwänglich artikulieren.

Überprüfung auf robustes, belastbares Wesen

dieses Wesensmerkmal überprüft der Richter, indem er den zu überprüfenden Hund an einer kurzen Leine an einem für den Hund fremden Ort anbindet. Danach entfernt sich der Besitzer außer Sichtweite des Hundes. Der Richter wird ca. ½ Stunde das Verhalten des zu beurteilenden Hundes in dieser Situation beobachten. Der stressunempfindliche Hund wird sich ruhig und gelassen verhalten. Unerwünschtes Verhalten wäre Unruhe, meist verbunden mit Kläffen und Hecheln.

Der Einfluss des Erbguts auf das Alleinbleiben beim Welpen

In der Zeitschrift „Der Hund" Nr.12/2012 wurde folgender Artikel veröffentlicht.

Hilfe - mein Hund bleibt nicht allein!

„Junghündin Happy hat über eine Stunde herzzerreißend geheult und gejault. Gismo hat 3 Schuhe zerkaut, den Mülleimer geleert, pausenlos gebellt und gefiept. Paula hat die Eingangstür mit den Zähnen und Krallen attackiert und die Fußleiste zu Häcksel verarbeitet. Die 3 Hunde eint ihre Unfähigkeit, für einen begrenzten Zeitraum entspannt allein zu bleiben."

Solche und ähnliche Mitteilungen wären für einen durchgezüchteten Elo-Welpen die seltene Ausnahme. Allerdings konnten wir bei den Nachkommen der 1. Generation Elo x Eurasier ähnliches Verhalten im Welpen- sowie auch im Erwachsenenalter beobachten. Dies beweist wieder einmal mehr den enormen genetischen Einfluss auf das Verhalten.

Bei der Zuchtauswahl achten wir von Anfang an auf das Vorhandensein einer großen Anhänglichkeit und Bindung zum Menschen. Andererseits sollte der Welpe in seiner vertrauten Umgebung einen begrenzten Zeitraum allein gelassen werden können.

Ähnlich ist es im Wolfsrudel. Wenn in einem kleinen Wolfsrudel die Elterntiere auf die Jagd gehen, müssen die Jungwölfe an ihrem Bau allein zurückgelassen werden können. Bei größeren Rudeln verbleibt in der Regel eines der erwachsenen Tiere am Bau.

Auch das Alleinbleiben ist genetisch verankert und wird sich bei einem sehr stressanfälligen Welpen schwieriger gestalten. Deshalb wird bei den Zuchttieren eine gezielte Zuchtauswahl auf ein robustes, belastbares Wesen sowie eine enge Bindung zum Menschen getroffen. Die Bindung sollte jedoch nicht in übertriebener Form vorhanden sein, sondern lediglich so, dass sich der Mensch vorübergehend problemlos entfernen kann. Gewiss sollte der Welpe allmählich an diese Situation gewöhnt werden. Selten hatten die von uns beobachteten Welpen in ihrer vertrauten Umgebung ein Problem damit.

So zeigt auch dieser Zeitungsartikel wieder einmal mehr, dass es bei der Zucht eines Familienhundes auf eine gezielte Zuchtauswahl, besonders in Bezug auf das Wesen ankommt und davon ausgegangen werden kann, dass für das Alleinbleiben mehrere Gene verantwortlich sind.

Unser Weg, zu einem kindergeeigneten Hund durch eine gezielte Zuchtauswahl nach speziellen Eignungstests zu gelangen, ist beschwerlich und unkonventionell. Die Elo-Zucht hat jedoch bewiesen, dass Züchter über eine gezielte Zuchtauswahl vieles zum Wohle der Kinder ändern können. Von Zuchtvereinen für anerkannte Rassen konnte ich keine Unterstützung erwarten, weil der Elo ja eine zusätzliche Konkurrenz ist. Aufgeschlossener gegenüber meinem Vorhaben waren Laien und Hundehalter, die die Gefahr, die von nahem Kontakt zwischen Hunden und Kindern ausgeht, erkannt haben. Leider musste ich auch feststellen, dass Vereine, die sich dem Kinderschutz verschrieben haben, sich dem Elo-Projekt gegenüber gleichgültig zeigten. Ich vertraue nicht darauf, dass es gelingen wird, einen „Wolf" durch Ausbildung zu einem „Lamm" umzuformen. Aber die Hundehaltung nimmt auf Dauer Schaden, wenn es nicht gelingt, die Unfallhäufigkeit zu senken. Mit unserem Elo-Zuchtprogramm, dem sich inzwischen zahlreiche Hundefreunde angeschlossen haben, wollen wir das Zusammenleben von Mensch und Hund unter heute verbreiteten Bedingungen für die Hundehaltung, sowohl für Menschen als auch für Hunde, von vermeidbaren Risiken entlasten.

Es ist irreführend, einer Hunderasse – in der Gesamtheit ihrer Vertreter – pauschal Eigenschaften zuzuordnen oder allein auf Erziehungsmethoden (Dressur) zu setzen.

Bereits innerhalb weniger Generationen ist es uns gelungen, Hunde zu züchten, die vom Erbgut her besser an das Zusammenleben mit Kleinkindern angepasst sind als Rassen, die nur nach einem äußeren Erscheinungsbild und Erbgesundheit gezüchtet werden.

Zusammenfassend soll Folgendes über das Züchten eines kinderfreundlichen Familienhundes festgehalten werden: Der Grundstein für ein friedliches Zusammenleben zwischen Hunden und Kindern sowie zwischen Hunden untereinander und mit anderen Tieren wird nicht erst nach der Geburt gelegt, sondern schon bei der Verpaarung, zum Teil auch schon Generationen zuvor. Nach der Geburt, ab ca. der 3. Lebenswoche, ist ein enger Kontakt zwischen Welpen und Menschen notwendig, ebenso wie eine artgerechte Aufzucht in einer reizvollen Umwelt. Wenn dann, besonders im Welpenalter, auch noch unangenehme Erfahrungen mit Kindern vermieden werden, wird es fast nie Probleme bei genetisch gutmütig veranlagten Hunden in der Hund-Kind-Beziehung geben.

Soweit es möglich ist, werden unsere Hunde gezielt durch Wesensrichter auf dieses Verhalten überprüft, indem ein für die Hunde fremdes Kind vor den angebundenen Hunden wegläuft und dann absichtlich hinfällt. Bisher hat keiner unserer angehenden Zuchthunde Angriffsbereitschaft gezeigt. Wir haben das Zusammenleben mit Kleinkindern, insbesondere mit unseren Enkeln beobachtet. So hatten wir gute Voraussetzungen, neue Erfahrungen zu sammeln. Bei Hunden, die ohne Kontakt mit Kindern aufwuchsen und erst im Alter von über einem Jahr mit Kindern in engen Kontakt kamen, konnten wir gelegentlich auch einzelne Tiere beobachten, die in kritischen Situationen ein Abwehrschnappen zeigten, wenn z.B. ein Kind in die Richtung des Hundes hüpfte. Deshalb haben wir in den letzten Jahren alle unsere Welpen, soweit dies möglich war, auch auf Kinder geprägt. Diese Beobachtungen verdeutlichen noch einmal, dass bei einigen Hunden Erfahrungen notwendig sind und bei anderen Hunden auch ohne Erfahrung ein problemloses Zusammenleben möglich ist.

Beobachtungen und Forschungsvorhaben in Richtung kindergeeignetes Verhalten

Wir werden weiterhin unsere Beobachtungen und Erfahrungen über verschiedene Testmethoden und über den erblichen Einfluss sammeln. Selbstverständlich werden wir auch unbeantworteten Fragen weiter nachgehen. Wie:

Gibt es einen engen Zusammenhang im Verhalten der Hunde zum einen gegenüber Welpen und zum anderen gegenüber Babys und Klein-kindern? Oder gibt es Abweichungen? Ein Hund könnte z.B. friedlich und geduldig gegenüber fremden Welpen sein, gegenüber Kleinkindern und Babys jedoch aggressiv reagieren, obwohl keine schlechten Erfahrungen vorliegen, oder auch umgekehrt.

Wie weit eignen sich Welpen als Kindersatz zur Prüfung ausge-wachsener Hunde auf kindergeeignetes Verhalten?

Antworten auf diese Fragen erwarte ich auch aus den Beobachtungen anderer Hundezüchter, die sich am Elo-Projekt beteiligen.

Zu unseren bisherigen Erfahrungen gehört, dass sich alle Elo, die bei uns ohne, bzw. mit nur wenig Kontakt zu Kindern aufgewachsen sind und die wir im Alter von zwei bis drei Jahren an Familien mit Kindern abgegeben haben, gegenüber Kleinkindern als völlig problemlos gezeigt haben.

Was ist erworben und was ist angeboren und vererbbar?

Welchen Einfluss hat der Züchter auf das Wesen eines Hundes durch Erbgut (in Generationen gesehen), eine gezielte Zuchtauswahl und artgerechte Aufzucht einzuwirken, um z.B. Angriffe auf Kleinkinder, harmlose Menschen, Welpen, unterwürfige Artgenossen und andere Haustiere zu verhindern?

Und hat der Züchter Einfluss auf instinktsicheres Verhalten bzw. auf das gesamte Verhalten einer Rasse oder Zuchtlinie?

Auf diese Fragen hat das Elo-Projekt inzwischen umfangreiche Antwor-ten erbringen können. Durch gezielte Zuchtauswahl auf ein friedliches, intaktes Sozialverhalten, können viele Probleme wesentlich verringert werden, wie beispielsweise Angriffe auf Menschen, Artgenossen und andere Tiere. Über die Vererbung einzelner Wesensmerkmale beim Hund hatte man bislang verhältnismäßig wenig gesicherte Kenntnisse. Wir haben durch das Beobachten von Hunden über viele Generationen zahlreiche neue Erkenntnisse gewonnen. Sogar Fachleute können sich nicht vorstellen, dass das unterschiedliche Begrüßungsritual angeboren und vererbbar ist. Es gibt Hunde, die ihren Menschen durch intensives Anspringen und Freudengebell begrüßen, und solche, die ihre Freude lautlos und nur durch angedeutetes Anspringen (ohne Hochspringen) kundtun. Ich habe die genetische Weitergabe dieses Verhaltensmerkmals, wie auch vieler anderer, bisher bis in die dritte, teilweise auch die sechste Generation beobachten können, wobei oft auch eine oder zwei Generationen übersprungen wurden. Nach Aussagen einiger Fachleute ist das freudige Begrüßen mit Anspringen eine Bestrafung des Hundehalters wegen seiner Abwesenheit bzw. wegen des Verlassens des Rudels. Nach meinen Beobachtungen gehört zum Begrüßungsritual des Menschen sowie auch des Artgenossen das Belecken des Mundes bzw. der Lefzen der Artgenossen. Nachdem ich entsprechende Beobachtungen gemacht hatte, habe ich damit begonnen, dafür Beweise zu sammeln, wozu das Elo-Zuchtprogramm ideale Voraussetzungen bot.

Weil bei einem ausgewachsenen Hund bekanntlich die Umwelt, insbesondere der Mensch, das Verhalten auch durch Erziehung beeinflusst und der Hund ein sehr gelehriges Lebewesen ist, möchte ich an dieser Stelle einige Beispiele über das Verhalten der Welpen im Alter von 7 Wochen erwähnen, das durch den Menschen noch nicht oder nur wenig beeinflusst wurde.

Es gibt Welpen, die nur eine geringe Neigung zum Spielen zeigen, andere wiederum haben die Veranlagung, beim Spielen sehr fest zuzubeißen, so dass die Finger bluten. Wieder andere Welpen spielen sehr sanft und zärtlich, einige zeigen ein ausgeprägtes Apportierverhalten; manche neigen zum Raufen oder sind sehr lautfreudig.

Einige Verhaltensmerkmale sind schon im Welpenalter erkennbar, so dass teilweise schon im frühen Alter eine Zuchtauswahl als kindergeeigneter Gesellschaftshund getroffen werden kann.

Zusammenfassend kann man sagen, dass durch eine gezielte Zuchtauswahl und bei artgerechter Haltung enorm viel erreicht werden kann. Deshalb wäre es unverantwortlich, das Wesen bei der Zuchtauswahl eines Hundes außer Acht zu lassen.

4. Der Elo

4.1 Weshalb eine neue Hunderasse, obwohl es schon ca. 400 Rassen gibt?

Diese Frage wird mir sehr oft gestellt. Deshalb möchte ich auch hierauf näher eingehen. Einige Gründe sind schon unter dem Titel „Der Familiengebrauchshund" beschrieben worden. Hier möchte ich noch weitere Gründe erwähnen und somit zum Nachdenken anregen.

Einerseits haben wir zahlreiche hervorragende Rassen, die gezielt für fast jeden Verwendungszweck gezüchtet werden. Vor der Zuchtverwendung werden sie in der Regel auf ihre Eignung überprüft oder müssen sich dafür bewähren, wie beispielsweise Hüte-, Jagd-, Schutzhunde etc.

Auch wenn man bei der Suche nach einer Rasse nur die äußeren Merkmale wie Größe, Behaarung und Farbe in den Vordergrund stellt, jedoch die angezüchteten Charakteranlagen außer Acht lässt, hat man in der Tat eine enorm große Auswahl.

Wenn man jedoch bestimmte Anforderungen sowohl an das äußere Erscheinungsbild (keine Qualzucht) als auch an rassetypische Charakteranlagen (kein Wildhund ähnliches Verhalten), Erbgesundheit usw. stellt, werden von den zahlreichen Rassen nur noch wenige in die engere Wahl kommen.

Wie der Verhaltensvergleich zwischen den zwei Rassen, Bobtail und Eurasier sowie später zwischen den Mischlingsgruppen unterschiedlicher Abstammung gezeigt hat, ist es so, dass es große Verhaltensunterschiede im Wesen zwischen den beiden Rassen gab. Diese gab es auch, je nach Abstammung, zwischen den einzelnen Kreuzungsgruppen. So verhielten sich die Nachkommen aus Bobtail X Eurasier ganz anders als die Nachkommen aus Spitz X Pekinese. Vermutlich gibt es von Rasse zu Rasse große Verhaltensunterschiede, deshalb sollte das rassetypische Verhalten auch nicht außer Acht gelassen werden. Leider gibt es nur sehr wenige wissenschaftliche Verhaltensvergleiche zwischen einzelnen Rassen. Dies ist sehr bedauerlich. Vor allem auch deshalb, weil einige Hundeexperten die Meinung vertreten, dass man einerseits aus jedem Hund eine Kampfmaschine machen könne oder andererseits sich jeder Hund bei entsprechender Erziehung zu einem lammfrommen Familienhund entwickeln würde. Das soll auch für die Rassen gelten, die auf Aggressivität gezüchtet wurden. Diesen Ansichten möchte ich aufgrund meiner langjährigen Erfahrungen und Forschungsarbeiten ganz entschieden widersprechen. Wenn das so wäre, bräuchten wir in der Tat keine neuen Rassen für neue Aufgaben. Gewiss könnte man auch neue Linien aus schon bestehenden Rassen züchten.

Nachdem die ersten Nachkommen aus der Verpaarung zwischen Bobtail und Eurasier erfolgreich aufgezogen und ihr Verhalten beobachtet worden war, konnte ich feststellen, dass es mir gelungen war, bei einigen der Mischlings-Nachkommen die erwünschten, teilweise sehr seltenen Wesensbesonderheiten der Vertreter der Ausgangsrassen züchterisch zu kombinieren. Man hätte auch andere rassefremde Hunde in eine Rasse einkreuzen können, aber dies wird in der Regel von den Zuchtverbänden abgelehnt.

Als nächstes sollten die unerwünschten anatomischen, äußeren Merkmale des Bobtails (wie lange Hängeohren und sehr pflegeaufwändiges Fell) und des Chow-Chows (steile Hinterhand) weiter weggezüchtet werden. Das gilt ebenso für deren unerwünschte Charakteranlagen. Die erwünschten Merkmale sollten jedoch weiter erblich gefestigt werden, um sie als rassetypische Merkmale anzuzüchten. Ich war mir bewusst, dass dies ein weiter und langer, vor allem auch schwieriger Weg sein würde, um aus den ersten Mischlingen, die noch weit von dem angestrebten Zuchtziel entfernt waren, eine neue Rasse zu züchten. Deshalb habe ich mir am Anfang sehr oft die Frage gestellt, ob es sinnvoll sei, trotz der großen Ablehnung vieler Hundeexperten gegenüber einer gezielten Neuzüchtung, das angestrebte Zuchtziel weiter zu verfolgen und eine neue Rasse als Familiengebrauchshund zu züchten.

Über 30 Jahre nach Beginn der Elo-Zucht komme ich zu dem Ergebnis, dass das Züchten einer neuen Rasse mit enormem Arbeitsaufwand und großer finanzieller Belastung verbunden ist.

Wenn es uns jedoch gelingen sollte, auch einige Züchter anderer Rassen vom Elo-Zuchtprogramm zu überzeugen und vor allem den Elo, seine Zuchtziele und seine Zuchterfolge bekannter zu machen und den Elo weiter zu verbreiten, dann wäre dies aller Mühen wert! Der Elo sollte eine Rasse werden, die den Erfordernissen ihrer Zeit als Familienhund sowie auch den Erfordernissen des nächsten Jahrhunderts entsprechen sollte. Bevor ich mich endgültig für die Fortsetzung der Elo-Zucht entschließen konnte, versuchte ich Antworten auf verschiedene Fragen zu finden.

So interessierte mich, ob

- es andere Züchter gibt, die mit anerkannten Rassen gezielt eine neue Linie oder Rasse als Familiengebrauchshund nach bestimmten Charakteranlagen züchten oder die eine ähnliche Idee zu verwirklichen versuchen, wie wir mit der Elo-Zucht
- Deformationen bzw. rassetypische Standardmerkmale weg zu züchten sind
- es Bemühungen gibt, wertvolle, angeborene Wesensbesonderheiten bei Familien- und Gesellschaftshunden züchterisch zu erhalten und diese als rassetypische Merkmale anzuzüchten
- Wesensbeurteilungen als Familiengebrauchshund von erfahrenen Wesensrichtern nach einem festgelegten Wesensstandard durchgeführt werden
- neue Erkenntnisse dokumentiert werden und diese, sofern sie sinnvoll für Hund und Mensch sind, in die Praxis umgesetzt werden
- gezielt der Fragestellung nachgegangen wird, welche Charakteranlagen überwiegend angeboren und vererbbar sind und was bei artgerechter Aufzucht erworben wird

Um auf diese Fragen eine Auskunft zu erhalten, schrieb ich verschiedene Wissenschaftler, Fachleute und Vereine an, ohne jedoch befriedigende Antworten zu bekommen. Oft wurde mir von meinem Vorhaben abgeraten. Zum Teil wurde ich auch als Versuchstierzüchter bezeichnet. Trotzdem gab ich nicht auf und suchte weiter in Fachbüchern nach Antworten.

Ich bin dann nach langem Suchen auf die Erfolge durch gezielte Zuchtauswahl nach bestimmten Charakteranlagen in der Blindenführhundezucht aufmerksam geworden. In dem Buch „Die Vererbung des Hundes" von Marc Bruns und Margaret Fraser (1966) fand ich den Hinweis, dass man durch gezielte Zuchtauswahl von Hunden, die für die Ausbildung zum Blindenführhund geeignet waren, über mehrere Generationen die Erfolge von 9 auf 90 % steigern könnte. Um mehr darüber zu erfahren, setzte ich mich auch mit Blindenführhundeausbildern in Verbindung und besuchte in Allschwill (Schweiz) die Blindenführhundeschule. Dort wird bei der Zuchtauswahl der Blindenführhunde bei der Rasse Labrador eine sehr umfangreiche Testreihe von erfahrenen Fachleuten durchgeführt und nur mit den am besten veranlagten Hunden weitergezüchtet.

Hier erfuhr ich auch, dass man die Erfahrung gemacht hatte, dass zugekaufte Hunde der gleichen Rasse für die schwierige Ausbildung oft

54

nicht geeignet waren, obwohl sie aus überwachten Zuchten stammten, wo vermutlich nur eine oberflächliche Auswahl erfolgte. Da in den Vereinen oft auch das antrainierte Verhalten bei der Zuchtauswahl mit einbezogen wird, sind diese Zuchtauswahlkriterien nur bedingt tauglich. Auch waren die Wesenstests (sofern sie überhaupt erfolgten) bei weitem nicht so aufwendig wie die, die in der Blindenführhundeschule erfolgten. Interessant war auch hier, über die enormen Fortschritte in nur wenigen Generationen zu erfahren. Dies war eine weitere Bestätigung, dass ich auf dem richtigen Weg war. In der Regel sind die Labradore aus der Blindenführhundezucht mit ihren hervorragenden Eigenschaften unverkäuflich, weil die meisten Hunde für die Zucht und Ausbildung benötigt werden. Ebenso sind Verpaarungen mit anderen Hunden, wie z.B. dem Elo, was ich ursprünglich in Erwägung gezogen hatte, nicht erwünscht.

Die erste und wichtigste Frage kann somit nur teilweise mit „Ja" beantwortet werden, weil die Labrador Retriever aus der Führhundezucht nicht als Familienhunde abgegeben werden. Es sei denn, sie sind als Führhunde ungeeignet.

Die beschriebenen Erfahrungen waren für mich dennoch ein weiterer Anreiz, mit der schon begonnenen Neuzüchtung nach dem Vorbild der Blindenführhundezucht weiterzumachen. Sie haben gezeigt, dass es auch innerhalb einer Rasse möglich ist, neue Linien durch gezielte Zuchtauswahl für bestimmte Aufgaben zu züchten.
Weil Familienhunde bisher überwiegend nach rassetypischen Schönheitskriterien gezüchtet werden und oft nur auf die Vermeidung der Krankheit Hüftgelenksdysplasie (HD) geachtet wird, habe ich es mir zur Aufgabe gemacht, den Elo nach einem festgelegten äußeren Standard sowie einem Wesensstandard, der nach ähnlichen Zuchtauswahlkriterien wie in der Blindenführhundezucht üblich, zu züchten, jedoch zunächst als Familiengebrauchshund. Jahre später, nachdem mir genügend Erfahrungen vorlagen und sich allmählich mehr und mehr Elo-Besitzer dazu entschlossen, bei der Elo-Zucht mitzumachen, habe ich meine Erfahrungen auf jährlich stattfindenden Züchterseminaren an andere Elo-Züchter weitergegeben.

Im Mai 2000 wurden die ersten Zucht- und Wesensrichter ausgebildet.

Viele Charakteranlagen, die für einen Blindenführhund sinnvoll sind, sind ebenso - bis auf wenige Ausnahmen - wertvolle Wesensmerkmale eines Gesellschaftshundes, wie

- keine Neigung zum Wildern, Streunen oder Raufen
- friedliches Verhalten gegenüber Artgenossen, anderen Haustieren und vieles mehr.

Man kann sich gut vorstellen, welche Katastrophe es wäre, wenn der Führhund Raufereien begänne und der Blinde die raufenden Hunde nicht trennen kann oder der Blindenführhund bei seinem Freilauf einfach wegläuft, um zu jagen und zu wildern oder beim Anblick eines Artgenossen in Erregung gerät.

Eine zweite wichtige Erkenntnis, die mich veranlasste mit der Zucht des Elo zu beginnen, war folgende: Verschiedene Hundeexperten weisen schon seit Jahrzehnten die Züchter, die Zuchtrichter, Vereine und Verbände bestimmter Rassen darauf hin, dass sie durch Übertreibungen der Rassestandards gezielte Qualzucht betreiben. Hunde, die bestimmte rassetypische Merkmale in einer übertriebenen Form zeigen, werden häufig hoch prämiert und somit für die Zucht bevorzugt. Das Wesen wird allzu oft nicht beachtet. Später musste ich die Erfahrung machen, dass die gleichen Leute, die den Zustand der modernen Hundezucht bedauern und kritisieren, die Zuchtziele der Elo-Zucht ebenfalls ablehnen, obwohl ich mich durch ihre Bücher oder Artikel in verschiedenen Zeitschriften dazu ermutigt gesehen hatte, mit einer Neuzüchtung nach sinnvollen Zuchtkriterien zu beginnen. Gerade ihre Vorstellungen und einiges, was auch andere Fachleute schon seit langem forderten, wollte ich verwirklichen. Jahre später, als sich die Erfolge in der Elo-Zucht einstellten, wurde ich von der widersprüchlichen Haltung einiger Hundefachleute abermals enttäuscht.

Meine größte Enttäuschung erlebte ich im September 1995, nachdem die Rasse allmählich bekannter wurde und der Elo auch an Messen anderer Hunderassen teilnahm. Meistens wurde über den Elo sachlich berichtet, jedoch gab es leider auch Medien, die daran interessiert waren, die Unwahrheit über den Elo zu verbreiten. So gab es in einer Illustrierten Fotos von mir und dem Elo neben einem Bericht über Qualzüchtungen unter der Überschrift: „Horrorzüchter erschaffen Hunde, die kaum Bellen usw.". So wurde dem Leser suggeriert, ich wäre ein Horrorzüchter, weil ich angeblich Hunde züchten würde, die kaum noch Bellen können. Dieses hatte ich niemals vor. Eines der wichtigsten Ziele war von Anfang an, keine Kläffer zu züchten, sondern Hunde, die eher schweigsam und frei von Deformationen sind. Eine Gegendarstellung wurde von der Redaktion verweigert. Daraufhin übergab ich diesen Artikel einem Anwalt der es leider versäumte, die Gegendarstellung fristgerecht einzureichen. Die Redaktion der Zeitschrift hatte ich übrigens auf Schmerzensgeld verklagt, leider war der Anwalt wiederum nicht in der Lage, die Klage fristgerecht einzureichen. Dies veranlasste mich, von dem Anwalt Schadenersatz zu fordern. Weil die Klage Aussicht auf Erfolg gehabt hätte, war die Anwaltskanzlei letztendlich auch bereit, mir eine Entschädigung zu zahlen.

Einige Zeit später hatte ich die Gelegenheit, die Rasse Elo sowie die Zuchtziele im Fernsehen vorzustellen. Ich konnte allerdings nicht ahnen, dass man die Zuchtziele sowie die Rasse gezielt kritisieren wollte. So wurde danach ein Interview mit zwei Fachleuten geführt, denen zwei Fragen gestellt wurden.

Zunächst an den Professor. „Herr Professor, was halten Sie von einer Hunderasse, die nicht bellt und nicht jagt?" Seine Antwort: „Ein Hund, der nicht bellt und nicht jagt ist für mich kein Hund." Diese und auch andere Fragen wurden dann mit folgendem Hinweis einem Tierarzt gestellt. „Ein Professor kann sich ja auch irren"; befragen wir mal einen Tierarzt. Es erfolgte, wie zu erwarten war, in etwa die gleiche Antwort. Eine Gegendarstellung wurde leider ebenfalls abgelehnt.

Danach, wie auch schon zuvor, gab es aber auch zahlreiche sachliche Medienberichte, die den Elo immer weiter bekannt machten. So ist der Elo inzwischen für viele Hundefreunde ein Begriff, als ein Hund, der auf Verhaltensleistung und Erbgesundheit gezüchtet wird.

Ich möchte noch einmal auf das Thema Qualzucht zurückkommen.

Das Wissen über Qualzucht bedeutet, dass die Tiere zum Teil ein Leben lang aufgrund ihrer gezüchteten, abnormen Standards leiden müssen, obwohl dies nach dem Tierschutzgesetz §11 verboten ist. Dies veranlasste mich, die einzelnen Rassen näher zu betrachten und sie in zwei Gruppen, sowohl nach sinnvollen Kriterien als auch nach einem abnormen Standard mit anatomischen Mängeln aufzuteilen. Bei einigen Rassen ist es schwierig bis unmöglich zu beurteilen, ob es noch ein sinnvoller oder schon an der Grenze zum Abnormen liegender Standard ist, der Leiden verursachen könnte. Ich kam zu dem Ergebnis, dass einige Rassen dringend zu ihrem Vorteil umgezüchtet werden müssten, was ich dann später auch im Zusammenhang mit der Neuzüchtung des Elo bei der Rasse Bobtail und Pekinese durch Einkreuzung von Urhund ähnlichen Rassen verwirklicht habe, um so auch Erfahrungen über das

Umzüchten von Rassen zu sammeln. Auch dieses Vorhaben sprach für das Züchten einer neuen Rasse. Denn nur so war es möglich, umfangreiche Erfahrungen über Generationen in ganz unterschiedlichen Richtungen zu sammeln.

Einige Jahre später habe ich erfahren, dass es auch andere Hundezuchtvereine gibt, die versuchen, übertriebene, anatomische Mängel weg zu züchten, ohne jedoch fremde Rassen einzukreuzen. Dies hat aber den Nachteil, dass sich Erfolge nur ganz allmählich zeigen; es sei denn, es gäbe genügend Hunde ohne übertriebene anatomische Mängel. Ich möchte an dieser Stelle auf die Informationsbroschüre vom „Deutschen Tierschutzbund" H 17 Stand 1/91 verweisen. Weitere Informationen und umfangreiches Material über das Thema „Hundezucht - Erbgesundheit und Vitalität sowie rassetypische Krankheiten der einzelnen Rassen" fand ich in folgenden Büchern:

- „Der Hund" von Dr. Erik Zimen, 1988 (Der inzwischen verstorbene, weit hin bekannte Verhaltensforscher Dr. Zimen hatte mich übrigens schon mehrmals besucht und auch die Zuchtziele des Elo begrüßt. Dies machte mir wieder Mut weiterzumachen, als ich schon die Zucht aufgeben wollte.)
- „Kleine Kynologie", 1986, von Prof. Werner Wegener
- „Hundert Rassen unters Fell geschaut" von Gebhardt und Gerd Hauke, 1988, sowie die zahlreichen Bücher von Eberhardt Trumler.

Jahre später habe ich mit großem Interesse das erstklassige Buch „Hundezucht 2000" von Hellmuth Wachtel gelesen. Das Lesen dieser und anderer Bücher bestätigte meine Überzeugung, dass viele Rassen überzüchtet sind und unter den rassetypischen Krankheiten und oft auch an Inzuchtdepression leiden. Dies war eine weitere Herausforderung für mich, mit der Züchtung des Elo weiterzumachen, trotz aller Kritik sowie Fehlinformationen. Die Elo-Zucht sollte unter Vermeidung von Fehlern, die man bisher allzu oft gemacht hatte und mit einem sinnvollen Zuchtprogramm durchgeführt werden, damit die Rasse auch noch in den nächsten Jahrzehnten gesund und vital bleibt.
Nachdem die Elo-Zucht den erwarteten Erfolg gebracht hatte, hoffte ich, dass Züchter und andere Vereine angeregt würden, etwas zum Wohle überzüchteter Rassen zu unternehmen. Bislang haben jedoch die zahlreichen Veröffentlichungen über Qualzüchtungen kaum etwas in der

Zuchtpraxis bewirkt (siehe Nackthunde). Eine weitere Überlegung, die mich zur Züchtung der neuen Rasse Elo ermutigt hatte war, dass man in den Zuchtvereinen keine Chance auf Anerkennung von umgezüchteten Rassen hat, dies mit einer Neuzüchtung jedoch möglich sein könnte. Ich kam zu folgendem Ergebnis: Wenn man eine umgezüchtete Rasse ausstellen und züchten möchte, hat man als Einzelner keine Chance, etwas zum Wohlbefinden des Hundes durch Umzüchtung zu verändern, weil der Rassehund nicht mehr dem bisherigen Standard entspräche und ein Zuchtausschluss vorprogrammiert sein würde.

Auch in dieser Beziehung bietet eine Neuzüchtung die einmalige Chance zur radikalen Veränderung des Standards zu Gunsten des Hundes. Dies ist dann auch zum Vorteil des Menschen, vor allem, weil die neue Rasse sich auf den ersten Blick durch ihre äußere Erscheinung von den anderen Rassen unterscheidet. Inzwischen musste ich zur Kenntnis nehmen, dass man sich gegenüber den Neuzüchtungen ebenfalls sehr ablehnend verhält. Nach unserem bisherigen Wissenstand wird jedoch sehr deutlich, dass einige Rassen zum Aussterben verurteilt sind.

Es muss endlich etwas gegen die extremen, rassetypischen Über-treibungen und vor allem gegen das entartete Verhalten getan werden! Die Frage ist nur: Wie?

Durch schriftliche Änderung des Standards erreichen wir in der Regel kurzfristig nichts, es sei denn, es existieren in der Rasse noch genügend „normale" Hunde.

Die andere Möglichkeit wäre ein Zuchtverbot. Dies lässt sich nur auf internationaler Ebene lösen. Um wertvolles Erbgut zu erhalten, wäre eine Umzüchtung durch Neueinkreuzung von Urhund ähnlichen Rassen nach einem sinnvollen Standard die beste Alternative. Wie schwierig dies ist, zeigt uns ja das Thema „Kampfhunde". Inzwischen ist die Zucht einiger Kampfhunderassen verboten worden. Nun sagen einige Experten, dass es keine Kampfhunde gäbe, obwohl einige Züchter vorher noch mit deren Kampftrieb, enormer Beißkraft und der Bezeichnung „Kampfhund" geworben haben. So musste inzwischen die Kampfhundeverordnung teilweise wieder aufgehoben werden.

Gewiss ist es schwierig, eine klare Trennung zwischen aggressiven und friedlichen Hunden vorzunehmen, genauso wie zwischen Rassen mit abnormem und normalem Standard. Andererseits sehe ich bei den einst zum Kämpfen mit Artgenossen gezüchteten Hunderassen die Gefahr weniger für den Menschen als für andere Artgenossen. Deshalb sollte man diese Hundegruppe auch nicht, wie dies so oft geschehen ist, völlig verharmlosen. Gerade Anfängern sollte man die Wahrheit sagen, dass leider auch heute noch von einigen skrupellosen Hundezüchtern eine gezielte Zuchtauswahl für Hundekämpfe stattfindet, vor allem bei den Pitbullterriern. Andererseits sollte man auch nicht jeden friedlichen Hund, dessen Rasse ursprünglich für Kampfzwecke gezüchtet wurde, als eine Gefahr für die Allgemeinheit darstellen, vor allem, wenn er vorher nie auffällig geworden ist. Gewiss gibt es, z.B. unter den Pitbullterriern, auch gegenüber Mensch und Tier absolut friedliche Hunde, und ebenso bei den als friedlich bekannten Rassen, aggressive Tiere. Das größte Problem sind sicherlich die fehlenden Verhaltensvergleiche zwischen den als Kampfhunde bezeichneten Rassen und anderen Rassen, insbesondere den Meute Hunderassen, die schon seit Jahrhunderten für das friedliche Zusammenleben in der Meute gezüchtet werden. Letztendlich sprach auch die Erkenntnis, dass man nicht nur neue Pflanzensorten, sondern auch neue Zuchtlinien bzw. Züchtungen von Tieren beim Deutschen Patent- und Markenamt anmelden kann, was wir auch von Anfang an gemacht haben, für das Züchten des Elo. Dadurch konnten wir auch bewirken, dass ungeeignete Züchter und ungeeignete Hunde von der Elo-Zucht ferngehalten werden konnten.

Was kann kurzfristig geschehen?
Ich sehe bei einigen extrem „verzüchteten" Rassen nur die eine Möglichkeit: Umzüchten durch Einkreuzung von ähnlichen Rassen, die frei von körperlichen Deformationen sowie frei von entartetem Verhalten sind, wie ich es erfolgreich beim Bobtail und beim Pekinesen praktiziert habe. Dies geht nur, wenn man dabei dem angestrebten Zuchtziel näherkommt. So kann der Elo auch als ein umfangreiches Umzüchtungsvorhaben (von Bobtail und Pekinese) betrachtet werden. Wobei ich hier hinzufügen möchte, dass man bei einer Umzüchtung nicht so radikale Veränderungen anstreben wird, wie in der Elo-Zucht, um eine größere Ähnlichkeit mit der umgezüchteten Rasse zu erhalten.
Insbesondere die ersten Generationen der Nachkommen aus der Verpaarung Bobtail x Eurasier waren im äußeren Erscheinungsbild dem Bobtail sehr ähnlich, mit langen Hängeohren und langer Behaarung, die leicht zum Verfilzen neigt. Die Nachkommen aus Spitz und Pekinese waren dem Pekinesen ähnlich. Insbesondere haben sich die kurzen Beine durchgesetzt, aber auch das deformierte Gebiss. Wobei der Unterkiefer erheblich länger war als der Oberkiefer.

Bei den Kreuzungsnachkommen zwischen Elo x Dalmatiner waren die Tupfen nicht Dalmatiner typisch, obwohl die Nachkommen sonst dem Dalmatiner sehr ähnlich waren. Der Dalmatiner zählt nicht direkt zu den Ausgangsrassen des Elo, sondern wir haben die Nachkommen aus Dalmatiner x Elo zunächst drei Generationen als Damelo weiter gezüchtet. So ähnlich könnte es auch mit den anderen degenerierten oder deformierten Rassen geschehen. Allerdings sollte dies dann international ablaufen. Damit würde man auch alte Rassen vor einem Zuchtverbot bewahren, wie es z.Zt. nach dem neuen Tierschutzgesetz geplant ist. Durch Umzüchtung könnte man altes Kulturerbe, einschließlich seiner vielleicht seltenen Gene, für die Nachwelt erhalten, wenn auch in einer etwas veränderten Form. Man könnte die Umzüchtung auch wieder zu dem ursprünglichen Typ rückzüchten, der teilweise die rassetypischen Übertreibungen noch nicht kennt.

Der Nobelpreisträger Prof. Dr. Lorenz schreibt in „Grzimeks Tierleben 3" folgendes: *Es gibt keine einzige Rasse, deren* ursprünglich *ausgezeichnete Eigenschaften nicht* vollständig *vernichtet worden wären, sobald sie zur großen Mode wurden."* Dem möchte ich hinzufügen, dass jede Züchtung, die das intakte Sozialverhalten außer Acht lässt, als Modehundezucht zu bezeichnen ist.

Diese sehr kritische Feststellung von Prof. Dr. Lorenz war ein weiterer Anlass, mit der Neuzüchtung zu beginnen und gleichzeitig größtes Gewicht auf überwiegend angeborene Charakteranlagen, ein intaktes und instinktsicheres Sozialverhalten und einen biologisch sinnvollen Standard zu legen sowie alle entarteten, degenerierten bzw. problematischen Hunde von der Zucht auszuschließen.

Auf die gestellte Frage „Weshalb noch eine neue Rasse?" möchte ich jetzt antworten: Nach gründlicher Prüfung kam ich zu dem Ergebnis, dass wir nicht mehr Rassen brauchen, sondern andere, für die auch ein Bedarf besteht. Auf Rassen, die völlig überzüchtet sind oder für die kein Bedarf mehr besteht, könnten wir durchaus verzichten. Allenfalls könnte man sie in einer kleinen Population der Nachwelt erhalten. Zunehmend benötigt werden Hunde, die den heutigen Bedürfnissen entsprechen und weniger solche, die Verhaltensmerkmale konservieren, für die es kaum noch Bedarf gibt.

Ich stellte mir auch die Frage, ob man durch die Züchtung von Rassen ohne Jagdtrieb einen Beitrag zum Schutz von Haustieren und freilebenden Tierarten leisten kann. Die Vorfahren des Hundes lebten von der Jagd. Unsere Hunde müssen für ihren Lebensunterhalt schon lange nicht mehr selbst sorgen. Wildernde Hunde passen nicht in unsere, an Tierarten verarmte Landschaft. Auch Jagdhunde müssen sich dem Willen des Halters unterwerfen. Der reale Bedarf an Jagdhunden ist durch zahlreiche anerkannte Jagdhunderassen reichlich gedeckt. Bei einem Familienhund ist ein Jagdtrieb nicht nur entbehrlich, sondern unerwünscht, vor allem, wenn er sehr ausgeprägt ist. Hunde mit ungestümem Jagdtrieb töten nicht nur die freilebenden Wild- sowie Haustiere, sondern verschrecken auch Menschen, gefährden den Straßenverkehr und somit den Hund selbst. Das trifft besonders dann zu, wenn sie nicht dem erzieherischen Einfluss des Halters ausgesetzt sind. Bei der Züchtung des Elo habe ich von Anfang an darauf geachtet, das Erbgut - Desinteresse am Jagen und Wildern - unserer Eurasier-Hündin „Anka" und auch von einigen anderen Ausgangstieren, wie unserer Bobtail-Hündin „Quietschtier", die nur spielerisch hinterherlief und jederzeit abrufbar war, züchterisch zu erhalten. So wurden Hunde mit stark gedämpftem Jagdtrieb bzw. einem Jagdtrieb, der sich nur auf Mäuse beschränkte, zur Verpaarung bevorzugt. Natürlich lässt sich ein vorhandener Jagdtrieb durch konsequente Erziehung und Ablenkung unter Kontrolle halten. Ein entsprechend veranlagter Hund leidet jedoch unter dem ihm auferlegten Zwang. Nicht selten setzen sich temperamentvolle Tiere in Problemsituationen auch über antrainierte Verhaltensmuster hinweg.

Wie schon erwähnt, sollte durch die Züchtung des Elo auch der Frage nachgegangen werden, inwieweit man einen Beitrag zum friedlichen Zusammenleben und zum Schutz von freilebenden und bedrohten Wildtieren leisten kann. Es wäre wünschenswert, wenn die Verbreitung von verträglichen, nicht jagenden Rassen auch von der Politik, der Jägerschaft sowie von Naturschutzorganisationen gefördert würde.

Begrüßenswert wäre die Befreiung vom Leinenzwang für alle Hunde, die den Beweis erbracht haben, dass sie auch während der Vogelbrutzeit nicht wildern und keine Gefahr für Menschen oder andere Haustiere sind. Bisher musste ich nach schriftlichen Anfragen an Verwaltungen oder Medien die Erfahrung machen, dass keinerlei Interesse an unseren Zuchtzielen besteht. Eine weitere Überlegung wäre, lediglich eine ermäßigte Hundesteuer für nichtwildernde, friedliche Hunde zu verlangen. Dies würde die Anschaffung der erwähnten Rassen enorm begünstigen.

Ich bin mir darüber im Klaren, dass dies zunächst nur eine Illusion ist und noch viel Zeit vergehen wird, bis diese Visionen einmal Realität werden könnten.

Jeder, der einen Hund mit ausgeprägtem Jagdtrieb hat, kennt diese Situation und weiß auch, wie schwierig es ist, dieses Problem durch Erziehung zu lösen. Somit kann man auch durch das Züchten und Verbreiten von Hunden mit entsprechenden Charakteranlagen einen kleinen Beitrag zur Vermeidung von Unfällen und ebenso zur Erhaltung freilebender Tierarten leisten.

Oft wurde ich von Hundeexperten darauf hingewiesen, dass Hunde ohne Jagdtrieb degeneriert wären. Deshalb soll hier auf den instinktsicheren, noch frei von körperlichen Missbildungen gezüchteten Spitz hingewiesen werden. Ihm wurde schon in früheren Zeiten, genauso wie bei den Herdenschutzhunden, die Veranlagung zum Wildern systematisch weggezüchtet. Man wünschte sich einen Hofhund, der nicht streunt und wildert, jedoch Fremde durch langanhaltendes Bellen meldet, bzw. einen den Geflügelbestand des Besitzers gefährdenden Fuchs verbellt und vertreibt. Auf den einsam gelegenen Höfen störte die ausgeprägte Bellneigung kaum. In einem dichtbesiedelten Raum muss jedoch das Kriterium „geringe Bellneigung" im Vordergrund stehen. Ich möchte noch erwähnen, dass man bereits in früheren Jahren beim Wolfspitz wie auch beim deutschen Spitz die Zuchtziele Ortstreue, Desinteresse am Jagen und Wildern und Freihalten des Hauses und Hofes von Mäusen und Ratten anstrebte. Dieses besonders wertvolle Erbgut des Wolfspitzes, das vereinzelt auch beim Eurasier erhalten geblieben ist, gilt es beim Elo züchterisch weiterhin zu erhalten und erblich zu festigen.

Leider sind die rassetypischen Verhaltensmerkmale wie das Desinteresse am Jagen und Wildern des Spitzes wie auch der Herdenschutzhunde zu wenig bekannt. Erwähnenswert wäre bei den Großspitzen noch, dass man einerseits den Jagdtrieb weggezüchtet hat und die Veranlagung Schädlinge wie Ratten und Mäuse zu fangen, erhalten konnte. Dies erscheint zunächst als Widerspruch. Nach den zahlreichen Aussagen von Elo-Besitzern, ist diese Veranlagung jedoch auch bei einigen Elo vorhanden. Das heißt, Tiere bis zu einer bestimmten Größe (Eichhörnchen, Mäuse) werden als Beutetiere betrachtet, Wildkaninchen und Hasen jedoch nicht. Durch die Verbreitung von nicht jagenden, schweigsamen und friedlichen Rassen könnte man auch einen Beitrag zum friedlichen Zusammenleben mit Nachbarn leisten, denn ein nicht jagender Hund würde weder Nachbars Katze töten noch durch sein Gebell die Nachtruhe stören.

Heute, nach über drei Jahrzehnten, hat die Elo-Zucht bewiesen, dass es nach mehreren Generationen gezielter Zuchtauswahl möglich ist, Hunde ohne bzw. mit geringem Jagdtrieb und wenig Bellneigung zu züchten, wenn auch die Umsetzung dieses Zuchtzieles mit großen Schwierigkeiten verbunden war. Dabei stellt sich die Frage, in welcher Form wir überhaupt den Jagdtrieb erhalten bzw. wegzüchten wollen. Darauf habe ich von den Fachleuten, die meinen, dass ein Hund ohne Jagdtrieb degeneriert sei, noch keine Antwort bekommen. Hinzugefügt sei noch, dass bisher die Überprüfung des Jagdtriebes mit sich ruhig verhaltenden Hauskaninchen erfolgte und diese Methode keine zuverlässige Aussage über den Jagdtrieb liefert. Deshalb haben wir auf unserem Grundstück ein großes, lang gezogenes Gehege für Kaninchen gebaut. Daneben gibt es noch weitere Gehege für Hühner.

Der zu beurteilende, angehende Zuchthund wird in einem zweiten, danebenliegenden Gehege untergebracht. Dabei zeigte es sich, dass schnell flüchtende Tiere die meisten Elo, wie zu erwarten war, oft nur zum spielerischen Hinterherlaufen animieren konnten. Die meisten Hunde konnten wieder zurückgerufen werden. Während die ersten Generationen den Beutetieren noch hinterherliefen, gab es in den späteren Generationen doch mehr Elo ohne Jagdtrieb gegenüber Kaninchen, die jedoch durchaus Mäuse töteten, welche also noch zur Jagdbeute gehörten.

Ablauf des Tests: Der Besitzer des zu beurteilenden Hundes kommt mit in das Gehege, in dem die Kaninchen sind, und geht zum hinteren Ende des Geheges, während der zu beurteilende Hund nebenan untergebracht ist. Wie bereits beschrieben, ist der Jagdtrieb bei einigen Hunden von der Größe der Beutetiere abhängig. Deshalb kann eine endgültige Beurteilung des Jagdtriebes erst erfolgen, wenn der Test mit unterschiedlich großen Tierarten durchgeführt wird.

Nun wieder zurück zur Frage: Weshalb noch eine neue Rasse?

Man hat es als Züchter in der Hand, den Sexualtrieb bei der Zuchtauswahl entweder völlig außer Acht zu lassen, einen übersteigerten oder verringerten Sexualtrieb anzuzüchten. Ein Züchter kann seine Zucht auch in ein Extrem lenken, so dass Rüden kaum noch Interesse daran zeigen, eine Hündin zu decken. Ebenfalls kann er den normalen bis gedämpften Sexualtrieb als rassetypisches Merkmal züchterisch erhalten, was wir bei der Zuchtauswahl soweit wie möglich beachtet haben. Wenn in der Nähe des Rüden eine Hündin läufig ist, reagieren viele Rüden darauf mit Unruhe, Kläffen, Winseln, Verweigerung von Nahrungsaufnahme und/oder Neigung zum Weglaufen. Dieses Verhalten des Rüden wird dann schnell zum Problem für den Hundehalter. Gewiss kann man die Probleme durch

Kastration eindämmen, andererseits benötigen wir aber ebenso Zuchtrüden. Einer der Ausgangstiere des Elo, der Bobtail-Rüde „Dino", hatte einen normal bis gedämpft ausgeprägten Sexualtrieb. Er konnte Tür an Tür mit läufigen Hündinnen gehalten werden, ohne dass er Unruhe gezeigt hätte. Trotzdem hat er sich normal ohne menschliche Hilfe verpaart. Die erwähnte Veranlagung hat er auch an einige seiner Nachkommen in der Elo-Zucht weitervererbt, die bevorzugt in der Zucht eingesetzt wurden, um dieses Verhalten als rassetypisches Merkmal anzuzüchten bzw. es züchterisch zu erhalten. Bei den Eurasiern konnten wir dagegen oft Rüden beobachten, die einen sehr ausgeprägten Sexualtrieb hatten. So war es doch sehr erfreulich zu beobachten, dass auch der Sexualtrieb durch das Erbgut beeinflussbar ist. Das unterschiedliche Verhalten in Bezug auf den Sexualtrieb konnten wir über viele Jahrzehnte beobachten. Diese, wie auch viele andere neue Erkenntnisse und Erfahrungen, konnten unkonventionell in der praktischen Hundezucht umgesetzt werden. Dies war ein weiterer Grund, der für das Züchten des Elo sprach!

4.2   Züchtung neuer Rassen – Pro und Kontra

Das Züchten einer neuen Rasse wird nur dann eine Berechtigung haben, wenn für die Rasse ein Bedarf besteht. Ich bin, wie viele andere Hundefreunde, der Meinung, dass es unsinnig wäre, noch eine neue Rasse für die Jagd zu züchten, weil es schon zahlreiche Jagdhunderassen in allen Größen gibt. Für jede Art der Jagd stehen meist mehrere spezialisierte Rassen, die in etwa die gleichen Anlagen haben, zur Verfügung. So ist z.B. der Dackel aufgrund seines Äußeren, seiner geringen Größe und kurzen Beine wie auch der Veranlagung, im dunklen Bau mutig mit einem Fuchs zu kämpfen, seiner Aufgabe bestens angepasst. Deshalb ist er für die Baujagd ein unentbehrlicher Helfer für den Jäger. Als Familienhund jedoch wird er auf Grund seiner angezüchteten Raubzeugschärfe sowie seiner Veranlagung, selbständig zu handeln (im Fuchsbau kann ihm sein Mensch keine Befehle geben), Probleme bereiten. Ebenso verursacht sein langgezogener Rücken bei einigen Tieren die Dackellähme, so dass diese Hunde dann unter großen Schmerzen leiden und tierärztliche Hilfe benötigen. Ein hervorragender Helfer für die Vogeljagd ist der Finnenspitz. Er hat die Veranlagung, die Bäume nach Vögeln abzusuchen. Sobald er einen Vogel entdeckt hat, macht er den Jäger durch sein langanhaltendes Bellen darauf aufmerksam. Er ist aufgrund seiner angeborenen Veranlagungen ein Hund für die Vogeljagd, jedoch wegen seines großen Bewegungsdrangs und seiner Veranlagung zum Kläffen als Familienhund in Ballungsräumen wenig geeignet. Es wäre ebenso unsinnig, eine neue Hütehunde Rasse zu züchten, selbst wenn sie noch so hervorragende Eigenschaften hätte, weil bei uns Viehherden nur noch selten gehütet werden und es genügend hervorragende Hütehunde Rassen gibt. Vor einiger Zeit hatte ich eine Anfrage, ob ich bereit sei, zum Aufbau einer neuen Rasse als Herdenschutzhunde Elo zur Verfügung zu stellen, weil der Elo doch schweigsam sei. Die Herdenschutzhunde seien, so berichtete man mir, insbesondere bei Dunkelheit, aus geringen Anlässen ständig am Kläffen.

Gewiss sind wir bereit, wenn etwas Sinnvolles gezüchtet wird, auch andere Züchter zu unterstützen. Jedoch sehe ich in diesem Fall zu wenig Nachfrage und hatte auch Bedenken, ob der Elo dafür geeignet sei.

So gibt es aus früheren Zeiten für alle nur denkbaren Aufgaben gezüchtete Rassen. Der Portugiesische Wasserhund wurde als Helfer für den Fischer gezüchtet, mit der Veranlagung, Fische aus dem Wasser zu holen. Heute, als Familienhund, reagiert er seine Veranlagung damit ab, dass er die Goldfische aus dem Gartenteich holt. Deshalb wird er auch nicht gerade für einen Gartenteichbesitzer als Familienhund ideal sein.

Beagle und Foxhound wurden in früheren Zeiten für die Meutejagd gezüchtet. Wie ich aus persönlichen Gesprächen vom Leiter eines Instituts erfahren habe, ist bei den meisten Hunden noch das rassetypische Verhalten, nämlich frische Hasenspuren zu verfolgen, erhalten geblieben, auch nachdem sie viele Generationen nach anderen Kriterien in Instituten gezüchtet wurden. Deshalb verhalten sich die meisten ähnlich wie ihre Artgenossen, die für die Meutejagd gezüchtet und verwendet werden. Sie sind aufgrund ihrer Veranlagung nur bedingt als Familienhunde geeignet (nur wenn jemand in einer wildarmen Gegend wohnt), weil sie bei Witterung einer Wildspur sofort mit der Verfolgung beginnen und vielleicht erst nach vielen Stunden wieder zurückkommen, wenn sie nicht schon vorher Opfer des Straßenverkehrs geworden sind.

Diese Beispiele zeigen auch, für welch unterschiedliche Aufgaben Hunde gezüchtet wurden. Diese dann nur als Familienhunde zu verwenden, bedeutet oft genug, dass mit Problemen zu rechnen ist. Es wäre unverantwortlich, noch eine Rasse gezielt als Kampfhund mit hemmungsloser Angriffsbereitschaft und ohne Beißhemmung auch gegenüber unterwürfigen Artgenossen zu züchten und später, wenn diese Hunde einen anderen Artgenossen getötet haben, zu behaupten, dies läge nur an falscher Erziehung, mangelhafter Prägung oder fehlender Sozialisierung.

Ebenso wäre es nicht vertretbar, eine weitere Rasse mit anatomischen Besonderheiten, wie z.B. einer extrem langen Rute als rassetypisches Merkmal, zu züchten. Überflüssig ist es auch, eine weitere Rasse als Gesellschaftshund nur nach Ausstellungskriterien zu züchten.

Mein Vorhaben war es nicht, irgendeine Rasse zu kreieren und somit die Zahl der Rassen zu erhöhen, wie mir von einigen Experten unterstellt wurde, sondern eine instinktsichere, volldomestizierte und vom Äußeren her Urhund ähnliche Rasse nach bestimmten Charakteranlagen mit ansprechendem Äußeren für den Gebrauch als Gesellschafts- und Familienhund zu züchten.

In der Hundezeitschrift „Partner Hund" hatte ich in der November-ausgabe 1999 die Gelegenheit, zu dem Thema – Pro und Contra, brauchen wir neue Rassen? – Stellung zu nehmen. Zum Contra-Punkt musste ich später lesen, dass Neuzüchtungen unter anderem auch aus finanziellen Gründen gezüchtet werden. Dieses ist, jedenfalls für den Elo, nicht zutreffend. Richtig ist vielmehr, dass das Züchten des Elo über viele Jahre mit großen finanziellen Verlusten verbunden war.

Natürlich wäre es auch möglich gewesen, statt eine neue Rasse zu züchten, mit einer der schon anerkannten Rassen die beschriebenen Ziele zu verfolgen und eine neue Linie auf Wesen und Erbgesundheit zu züchten. Jedoch sah ich bei diesem Vorhaben mehr Probleme und Schwierigkeiten als mit einer Neuzüchtung. Vor allem würde sie sich im Äußeren nicht von den anderen Hunden der gleichen Rasse unterscheiden. Und wenn doch, dann wäre die Beibehaltung der Rasse-bezeichnung nicht korrekt. Oder man würde z.B. statt einfarbige, wie es der Standard vorschreibt, eine neue gescheckte Linie in einem Eurasier-Verein züchten. Die Folge wäre mit ziemlicher Sicherheit ein Zucht- und Ausstellungsverbot.

Erfahrungen mit bestehenden Rassevereinen und Dachverbänden

Ich möchte hier über meine Erfahrungen mit schon bestehenden Rassen in verschiedenen Vereinen und unterschiedlichen Dachvereinen berich-ten. In einem Eurasier-Verein musste ich die Erfahrung machen, dass gescheckte Eurasier von der Zucht ausgeschlossen wurden, weil diese nicht dem Standard entsprachen. Leider genügten schon weiße Ab-zeichen an den Füßen, um einen Eurasier-Welpen von der späteren Verwendung als Zuchttier auszuschließen. Auch wenn dieser wertvolle und/oder seltene, angeborene Charakteranlagen als Familienhund gehabt hätte, die dadurch verloren gehen würden. Damit will ich verdeutlichen, wie schwierig es ist, eine neue Linie aus einer schon bestehenden Rasse zu züchten. Nach meinen Beobachtungen hat die junge Rasse Eurasier noch sehr unterschiedliche Verhaltensweisen. Wäre dort von Anfang an und bei allen Züchtern eine gründlichere Wesensüberprüfung und eine Zuchtauswahl nach den gewünschten Wesensmerkmalen als Familienhund (wie Desinteresse am Jagen und Wildern, hohe Reizschwelle, etc.) erfolgt, wäre der Eurasier vermutlich einer der interessantesten Familienhunde geworden und ich wäre in der Eurasier-Zucht geblieben.

Ein weiterer Nachteil war, dass das Einkreuzen von Hunden anderer Rassen, um die Eurasier-Zucht zu verbessern, nicht möglich war. Bei der Elo-Zucht hingegen waren Einkreuzungen mit besonders wertvollen sowie besonders gelehrigen Hunden der Ausgangsrassen Eurasier, Spitz und Bobtail gemäß Zuchtordnung und nach Beschlussfassung durch die Züchter möglich. Dieses ist etwas Einmaliges in der Hundezucht und wieder etwas, wofür es sich gelohnt hat, eine neue Rasse - den Elo - zu züchten.

Seit 1975 beschäftige ich mich in meiner Freizeit mit Rassehunden, ihrer Zucht und ihrem unterschiedlichen Verhalten. Besonders interessierten mich Hunde, die sich vom Verhalten her als Familienhunde eigneten. Mit zwei Bobtail-Rüden machte ich leider sehr unangenehme Erfahrungen. Sie waren sehr unverträglich und hatten ein sehr dominantes Wesen. Vor allem der erste Rüde war sehr aggressiv gegenüber Menschen und anderen Rüden, aber auch gegenüber Hündinnen und Welpen. Beide Rüden mussten wegen ihrer Unverträglichkeit von Hündinnen und Welpen getrennt gehalten werden. Einige männliche Nachkommen von meinem ersten Bobtail-Rüden mussten im Alter von ca. 1 1/2 Jahren eingeschläfert werden, weil sie die Kinder der eigenen Familie mehrmals durch Bisse ernsthaft verletzt hatten. Einer der abgegebenen Rüden wurde mir wegen Angriffen auf die eigene Familie mit ca. 1/2 Jahr zurückgegeben. Durch Erziehungsmaßnahmen gelang es mir, bei diesem noch sehr jungen Rüden, die Angriffe weg zu trainieren und ihn danach in erfahrene Hände abzugeben. Meiner Bitte, ihn nicht für die Zucht zu verwenden, wurde entsprochen. Wie ich später erfuhr, war er trotz Erziehung und Training auf friedliches Verhalten auch als ausgewachsenes Tier angriffslustig geblieben. Er ließ sich zunächst von Fremden streicheln, um dann zuzuschnappen. Obwohl er diese schweren Wesensmängel auf der Ausstellung gegenüber dem Zuchtrichter zeigte und der diese auch in das Zuchtbuch eintrug, wie unter anderem aggressiv, nervös, bissig usw., wurde der Rüde dennoch gekört und somit für die Weiterzucht zugelassen. Dies ist ein weiterer Beweis dafür, dass eben nicht alles dauerhaft durch Erziehung zu verändern ist.

Wie ich inzwischen erfahren habe, werden in einigen Vereinen Hunde, die ein aggressives Verhalten beim Anfassen durch den Richter zeigen, von der Zucht ausgeschlossen. Vor der Ankörung wird eine Begleithundeprüfung verlangt. Durch diese Zuchtauswahlmethode werden überwiegend nur die aggressiven Hunde mit wenig Ringdressur ausgeschlossen. So glaubt man, die aggressiven und problematischen Hunde zu erkennen und von der Zucht ausschließen zu können, um danach behaupten zu können, dass man wesensfeste Hunde züchten würde. Es wird jedoch wiederum nur das antrainierte und nicht das angeborene und vererbbare Verhalten beurteilt. Diese Maßnahme ist sicherlich ein kleiner Schritt in die richtige Richtung. So werden wenigstens die besonders problematischen und ebenso mangelhaft trainierten Hunde, die die Begleithundeprüfung nicht bestanden haben, von der Zucht ausgeschlossen. Bei Ausstellungen wird man nur die ganz schweren Fälle erkennen, zumal dort in der Regel der Hundebesitzer während der Beurteilung anwesend ist und somit den Hund unter Kontrolle hat. Wie mir erfahrene Hundeausbilder bestätigten, kann man fast jeden aggressiven Hund durch Training auf diese Beurteilung vorbereiten. Die endgültige Beurteilung des Wesens eines Hundes ist sehr schwierig und es bedarf umfangreicher Erfahrung.

Methoden zur Beurteilung des Wesens

Eine längere Beobachtungszeit von ca. 14 Tagen in unterschiedlichen Situationen und unter natürlichen Bedingungen, wie z.B. beim entspannten Spielen mit Artgenossen, Welpen und Kindern, wäre vorteilhaft. Diese sollte nicht nur auf einer Hundewiese, sondern auch im Zusammenleben eines Hunderudels geschehen, denn teilweise treten unerwünschte Verhaltensweisen erst nach einer mehrtägigen Beobachtungszeit auf. Ein Familienhund muss sich auch in ganz unterschiedlichen Situationen bewähren, wie im Verkehrsgewühl einer Großstadt, bei einem Besuch auf dem Bahnhof oder auch in einem Tierpark mit ganz unterschiedlichen Gerüchen, Geräuschen und Tierarten, wovon einige auch zu den Beutetieren des Hundes gehören. Der Hund muss sich vor allem in der Wohnung mit Kleinkindern und anderen Haustieren bewähren.

Das schnelle Eingewöhnen in eine neue Umgebung ist ebenso ein sehr wichtiges Verhaltensmerkmal des Familiengebrauchshundes.

Wünschenswert ist auch ein geringer Körpergeruch, hier hat sich das Erbe des Eurasiers durchgesetzt. Dies wurde inzwischen bei fast allen Elo als rassetypisches Merkmal angezüchtet.

Dies zeigt, dass eine genaue Beurteilung recht langwierig sein kann und bei der Einzelhundehaltung bestimmte Verhaltensweisen möglicherweise gar nicht beurteilt werden können, da sich dort plötzliche, unerwartete Angriffe auf Artgenossen nicht ergeben. Deshalb wäre es vorteilhaft, wenn jeder Züchter mehrere Hunde hätte, die in einem Rudel gehalten werden. Dem stehen jedoch in den meisten Fällen Räumlichkeiten sowie finanzielle Möglichkeiten entgegen. Aus zeitlichen Gründen müssen auch wir uns bei der Wesensbeurteilung in der Elo-Zucht auf ca. zwei Stunden beschränken. Durch einen vom Besitzer vorab ausgefüllten Fragebogen und seiner gezielten Befragung versuchen wir, so viel wie möglich über das Verhalten des angehenden Zuchthundes zu erfahren.

4.3 Die Ausgangsrassen des Elo

Der Elo wurde zunächst aus insgesamt 9 Ausgangstieren dreier verschiedener Rassen gezüchtet:

1. Begonnen haben wir mit zwei 60 und 65cm großen, langhaarigen Bobtails (Mutter und Sohn). Sie hatten wie alle Bobtails lange Hängeohren, ein robustes, belastbares Wesen und ein besonders friedliches Verhalten gegenüber Menschen, Artgenossen, Haus- und Wildtieren
2. Fünf mittelgroßen, stehohrigen, dem Urhundtyp recht ähnlichen Eurasiern (drei Rüden und zwei Hündinnen) in der Größe zwischen 50 -58 cm, die sich besonders durch ihr instinktsicheres, intaktes Sozialverhalten sowie durch ihre Verteidigungsbereitschaft auszeichneten

Besonders erwähnenswert sind hier unsere schwarze Eurasier-Hündin „Anka", die nicht den geringsten Jagdtrieb hatte, sowie auch die Bobtail-Hündin „Quietschtier" und ihr Sohn „Dino", die nur einen sehr geringen Jagdtrieb hatten. Das besondere Verhalten von „Anka" und auch das von „Quietschtier" hatten mich überzeugt, mit der Züchtung einer neuen Rasse zu beginnen. Ich wollte einerseits diese einmaligen Wesenseigenschaften erhalten und zum anderen die äußeren Erscheinungsbilder der beiden Rassen miteinander kombinieren. Dabei sollte das äußere Erscheinungsbild des Eurasiers weitestgehend erhalten bleiben. Vom

70

Bobtail sollte lediglich das zweifarbige (vorne weiß und hinten -als Welpe zunächst- schwarz, das sich später in silbergrau umfärbt) durchsetzen. Den Eurasier gibt es ja in unterschiedlichen Farben, jedoch müssen diese einfarbig sein. So sollte auch die Farbenvielfalt des Eurasiers erhalten werden, wie Wolfsfarben, Rot oder Schwarz.

3. ein dem Eurasier verwandter Chow-Chow (Rüde)
4. eine aus einer Zufallsverpaarung entstandene Mischlingshündin Namens „Korry" (Chow-Chow/Bobtail x Eurasier)

Jahre später kamen, um die Zuchtbasis zu vergrößern und Inzuchtproblemen vorzubeugen, noch zwei weitere Zuchttiere, ein Samojeden- und ein Bobtail-Rüde dazu. Im Jahre 1996 deckte ein Samojeden-Rüde eine Elo-Hündin. Es war eine nicht geplante Verpaarung. Da die Rasse Samojede ohnehin schon über den Eurasier mit dem Elo verwandt ist, haben wir beschlossen, zwei Hündinnen in die Elo-Zucht aufzunehmen.

Ein Jahr später geschah wieder eine sehr interessante Zufallsverpaarung mit einer der Elo-Samojeden-Mischlingshündinnen. Sie verpaarte sich beim Ausführen mit einem HD-freien Bobtail-Zuchtrüden. Als ich dies erfuhr, besprachen wir dieses im Vorstand und beschlossen, aus dieser Verpaarung eine Hündin zur Vergrößerung der Zuchtbasis mit in die Elo-Zucht aufzunehmen.

Die neuen Zuchthunde sowie ihre Nachkommen werden immer sorgfältig beobachtet, ob Probleme irgendwelcher Art auftauchen. Um zu überprüfen, ob sie möglicherweise Träger unerwünschter Erbanlagen sind, wurden auch nahverwandte Tiere miteinander verpaart. Als keine unerwünschten Merkmale auftraten, wurden sie in der Elo-Zucht eingesetzt. Übrigens bekommen Neueinkreuzungen zunächst nur Registrierpapiere, aus denen die Abstammung hervorgeht. Erst ab der 3. Generation bekommen sie „normale" Stammbäume.

Der **Klein - Elo** wurde zunächst aus folgenden Hunden gezüchtet:

1. Ein etwas zu groß geratener, sehr bellfreudiger Kleinspitz-Rüde mit einer Höhe von 40cm (uns stand sonst kein dem Urhundtyp ähnlicher Rüde zur Verfügung). Der Spitz ist ein Verwandter des Eurasiers.
2. Eine Pekinesen-Hündin, die Fremde durch wenige leise Belllaute ankündigte, in der Größe von 30cm.
3. Einige Jahre später hat sich eine Klein-Elo-Hündin bei ihrem Besitzer mit einem mittelgroßen Spitz-Rüden verpaart und Nachwuchs zur Welt gebracht.

Um die Zuchtbasis zu vergrößern, wurde mit einem Rüden aus diesem Wurf weitergezüchtet. Die meisten Nachkommen haben sich aufgrund ihrer Bellfreudigkeit und ihres sensiblen Wesens nicht als Familienhunde bewährt, deshalb mussten sie wieder aus der Zucht ausscheiden, bzw. sie wurden erst gar nicht in die Zucht hereingenommen. Andere wurden nur für eine einmalige Zucht verwendet. Die Nachkommen aus Spitz x Pekinese wurden mehrmals mit dem großen Elo verpaart. Ziel war es, das robuste, schweigsame Verhalten auf den kleinen Elo zu übertragen. Wie befürchtet, wurden die weiteren Generationen zu groß.

4. Um die Zuchtbasis des Klein-Elo weiter zu vergrößern, erfolgte 1997 eine weitere Einkreuzung mit einem Japanspitz-Rüden.

Von der Rasse sind uns bisher keine rassetypischen Erkrankungen bekannt. Diese Einkreuzung war notwendig, um die Kleinwüchsigkeit zu erhalten und das ist uns inzwischen erfolgreich gelungen.

Der Elo wurde zunächst aus 16 Gründertieren aus neun verschiedenen Rassen gezüchtet. Zum Einsatz kamen Hunde der Rassen Eurasier, Bobtail, Chow-Chow, Pekinese, Kleinspitz, Samojede, Mittelspitz und als letzte Rasse der Dalmatiner.

Anmerkung zum Dalmatiner
Im Jahre 1995 verpaarte ich eine Dalmatiner-Hündin mit einem Elo. Diese Nachkommen wurden zunächst als „Damelo" weitergezüchtet und über drei Generationen mit Elo rückgekreuzt. Danach waren die Damelo sowohl im Aussehen als auch im Verhalten dem Elo recht ähnlich.
Der Elo hat somit eine recht große Ausgangsbasis. Ziel war es, eine Kurzhaar-Variante zu züchten, was uns jedoch nicht gelang, weil sich das Kurzhaarige sowie das Getupfte des Dalmatiners nicht durchsetzte. Näheres zu diesem Thema finden Sie in Kapitel 6 dieses Buches.
Aus den Nachkommen von Spitz und Pekinese sowie den Einkreuzungen mit dem großen Elo wurde zunächst der Klein-Elo gezüchtet. Einige Jahre später, nachdem die Mängel, wie beispielsweise die Bellfreudigkeit vom Spitz und die äußeren Mängel des Pekinesen, weitestgehend weggezüchtet waren, wurden einige etwas zu groß geratene Klein-Elo mit Groß-Elo verpaart, mit dem Ziel, eine einheitliche Rasse in zwei Größen zu züchten. Wir waren uns durchaus darüber bewusst, dass es etwas länger dauern würde, wenn man versucht, aus extrem

unterschiedlichen Rassen eine neue einheitliche Rasse zu züchten. Erst nach mehrmaliger Kreuzung mit großen Elo waren die Klein-Elo auch im Verhalten dem Groß-Elo sehr ähnlich, aber zum Teil als Klein-Elo zu groß. Diese verpaarten wir dann wiederum mit kleingebliebenen Elo der ersten Generationen, mit dem Nachteil, dass dann Elo zur Welt kamen, die dem Pekinesen wieder ähnlich waren. Um dem entgegen zu wirken und in der Hoffnung, das Kleinbleibende erblich zu festigen, haben wir wiederum einen vom Wesen her interessanten Japanspitz-Rüden einge-kreuzt.

Heute, nach insgesamt über 30-jähriger züchterischer Arbeit, ist es uns gelungen, den Elo auch in einer recht kleinen Form zu züchten. Ein entferntes Ziel ist es jetzt, die einzelnen Größen getrennt zu züchten, jedoch von Zeit zu Zeit auch Kreuzungen zwischen den Größen vorzu-nehmen, z.B. einen recht kleinen Groß-Elo in den Klein-Elo einzukreuzen und umgekehrt, um so Inzucht zu verhindern.

Hier einige Anmerkungen zu dem Japanspitz-Rüden „Thomdy Dom's Mister Magic". Er hatte eine Schulterhöhe von 37 cm und war im Gegen-satz zu den anderen Klein-Spitzen sehr schweigsam und angenehm in der Wohnung. Er zeigte keine Neigung zum Anlecken der Hände, war sehr folgsam, Jagdtrieb wurde nicht beobachtet. Er hatte alle Eigen-schaften eines idealen Elo. Alle Japanspitze sind weiß, deshalb gibt es inzwischen auch gelegentlich weiße bzw. fast weiße Klein-Elo.
Im Jahre 2003 stellte sich in einer wissenschaftlichen Studie, die Grund-lage einer Doktorarbeit war, heraus, dass wir mit durchschnittlich 11% einen recht hohen Inzuchtkoeffizienten (IK) hatten. Wir beschlossen des-halb in der EZFG, die wichtigsten Ausgangstiere des Elo nochmals neu einzukreuzen. Zunächst einmal sollte das Kleinbleibende des Elo - mit Hunden auch unter 35cm Höhe - durch weitere Einkreuzung des Klein-spitzes erblich gefestigt werden. Von 2005 bis 2010 wurden Einkreu-zungen mit drei Kleinspitzen, drei Eurasiern und einer Bobtail-Hündin vorgenommen. So erhöhte sich der Anteil der Ausgangstiere auf 23. Aufgrund dieser Einkreuzungen konnte der IK auf ca. 2 % gesenkt werden und ab 2010 wurden diese Maßnahmen vorerst abgeschlossen. Erst 2017 wurde noch einmal ein sehr interessanter Bobtailrüde ein-gekreuzt. Somit dürfte der Elo, weltweit gesehen, die Rasse aus den meisten Gründerrassen und dem niedrigsten IK sein.

Überlegungen zum Äußeren des Elo

Zuchtziel war es, das mittellange, pflegeleichte Fell und die Farben-vielfalt des Eurasiers sowie das Holländermuster des Bobtails züchte-risch im Elo zu erhalten, damit der Elo auch bei Dunkelheit gut sichtbar ist. Das mittellange Haar hat gegenüber einem sehr kurzen und festen Haar den Vorteil, dass es gut von Teppichen, Polstermöbeln und auch aus dem Auto zu entfernen ist. Hingegen ist das lange, wollige Haar des Bobtails sehr zeitaufwendig in der Pflege. Außerdem sollte der Bobtail im Frühjahr geschoren werden, andernfalls leidet er an heißen Sommer-tagen.

Die Stehohren des Eurasiers wurden beim Elo als rassetypisches Merkmal angezüchtet, weil sie immer gut belüftet sind und es deshalb auch kaum zu Ansammlungen von Milben, Pilzen oder Bakterien und dadurch bedingten Ohrenerkrankungen kommt. Außerdem können Hun-de mit Stehohren den Schall besser lokalisieren und durch die Stellung der Ohren sowie einem ausgeprägten Mienenspiel dem Menschen seine Stimmung mitteilen.

Eurasier-Hündin „Anka".

Aufgrund ihrer Wachsamkeit sowie ihres völligen Desinteresses am Jagen und Wildern war sie von ihrem Erbgut her eines der wichtigsten Ausgangstiere des Elo.

Bobtail-Hündin „Quietschtier" (Stammmutter der Elo) sollte der Rasse Elo ihr verträg-liches, robustes, belastbares und anhängliches Wesen sowie ihre Zweifarbigkeit weitervererben, was auch nach einigen Generationen weitestgehend gelang.

74

Inzwischen ist es uns gelungen, ein in etwa einheitliches Erscheinungsbild anzuzüchten. Gelegentlich werden noch Elo geboren, die etwas vom Standard abweichen. Wir streben allerdings auch nicht an, dass ein Hund dem anderen bis aufs Haar gleichen muss. Von Generation zu Generation gibt es jedoch immer mehr Hunde, die sowohl vom Wesen wie auch vom Äußeren dem angestrebten Zuchtziel entsprechen. Gewiss muss genau beobachtet werden, wie sich bestimmte Farben durchsetzen.

So haben wir in den ersten Jahren beobachtet, dass sich das Einfarbige, insbesondere Schwarz, gegenüber dem gescheckten Rot-Weiß bzw. Holländer-Muster dominant weitervererbt. Deshalb müssen wir hier gegensteuern, indem wir bevorzugt Zuchtrüden einsetzen, die die Elo-typische Zeichnung in Rot-Weiß haben.

 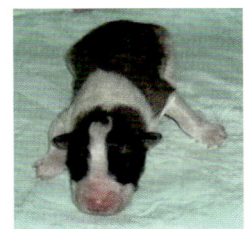 

Welpen mit Elo-typischer Zeichnung

Spitz und Pekinese

*1. Generation
aus der Verpaarung
Spitz x Pekinese*

*Ausgangsrassen von
links:
Eurasier, Bobtail,
Chow-Chow*

Eurasier-Rüde
„Flori"

1. Generation aus
der Verpaarung
Bobtail x Eurasier,
sie sind noch sehr
Bobtail ähnlich

1. Generation

2. Generation
„Indra" beim Wesenstest.
In der 2. Generation gab es
Aufspaltungen im äußeren
Erscheinungsbild. Die
meisten Hunde waren
jedoch Bobtail ähnlich.

Klein-Elo-Hündin „Nina" bei der Wesensbeurteilung gegenüber anderen Haustieren.

Elo, die dem Idealtyp entsprechen in Rau- und Glatthaar

Elo links Glatthaar, Mitte Klein-Elo Glatthaar, rechts Rauhaar

4.4 Der Rassestandard des Elo

4.4.1 Äußere Merkmale

Der Elo besitzt einen mittelschweren Knochenbau, sollte eine etwas gedrungene Statur haben, er sollte nicht hochläufig sein und einen dem Stammvater Wolf ähnlichen Körperbau haben. Er ist stehohrig, erscheint im Rücken etwas länger als schulterhoch. Sein Fellhaar ist mittellang und von fester Struktur.

Es existieren verschiedene Farbschläge - von Halbkörperscheckung bis gescheckt - aber auch einfarbig mit Tupfen. 1999 sind die ersten dreifarbigen, wie schwarz-weiß-falben sowie braun-weiße Tiere geboren worden.

Bei der Elo-Zucht wurden zunächst die erwünschten Wesensmerkmale in den Vordergrund gestellt, dem äußeren Erscheinungsbild wurde jedoch weniger Aufmerksamkeit geschenkt. Nachdem sich die wichtigsten Wesensmerkmale weitestgehend gefestigt hatten, wurde auch dem äußeren Erscheinungsbild mehr Aufmerksamkeit geschenkt. Ein ansprechendes, harmonisches Äußeres ist wünschenswert und Zuchtziel.

Ab 2020 werden deshalb keine einfarbigen Elo mehr für die Zucht zugelassen. So hoffen wir, allmählich den Standard zu festigen.

Größe und Gewicht:

Groß-Elo 46 - 60 cm Schulterhöhe und 18 - 35 kg
Klein-Elo 35 - 45 cm Schulterhöhe und 5 - 18 kg

nach bisherigem Standard – Inzwischen gibt es mehrere Elo, die nur noch eine Schulterhöhe von 30 cm haben. Sollte diese Größe erhalten bleiben, wollen wir diese weitere Variante als **Zwerg-Elo** einstufen.

Haarkleid:
Es werden zwei Formen gezüchtet:

1. **Rauhaar:**
   mittellanges, pflegeleichtes, loses, leicht lockiges bis gewelltes Haar mit Unterwolle, gut wasserabweisend, nicht zu fein und wollig, aber auch nicht zu grob. Fang, Ohren, Gesicht und Läufe sind mit mittellangem, jedoch nicht zu langem Haar versehen, kurzbehaarter Bereich um die Augen ist auch beim Rauhaarigen Elo wünschenswert, ansonsten werden die Haare vor den Augen kurz geschnitten.

2. Glatthaar:

mittellanges Haar mit dichter Unterwolle, jedoch an Gesicht, Fang, Ohren sowie Läufen kurzhaarig, bis auf Hose und Befederung.

Farbe:

Alle Farben sind erlaubt, bevorzugt werden das Holländer-Muster, also vorne ⅓ bis ¼ weiß und hinten Rot, Grau, oder Schwarz, aber auch die Irische Fleckung sowie ein gleichmäßig getupftes oder geschecktes Haarkleid. Augen- und Ohrenumgebung sollten gut pigmentiert sein.
Einfarbigkeit ist seit 2020 ein zuchtausschließender Fehler, da es zu Verwechslungen mit dem Eurasier, Samojeden oder Spitz kommen kann, die laut Standard einfarbig sein müssen.

4.4.2 Erbgesundheit

Zuchtziel ist es, eine erbgesunde Rasse zu züchten, die frei von rasse-typischen Krankheiten sein soll. Natürlich waren nicht alle Ausgangstiere frei von Erbkrankheiten. Gelegentlich sind bei Nachkommen in den ersten Generationen Nabelbrüche und auch Entropium (Rolllider) aufge-treten. Bei diesen vererbbaren Krankheiten müssen die Hunde von der Weiterzucht ausscheiden. Elterntiere die gesund sind, jedoch mehrere Nachkommen mit schweren Mängeln haben, werden ebenfalls von der Zucht ausgeschlossen.
Um nicht allzu viele Hunde von der Zucht auszuschließen, haben wir in den ersten Jahren noch mit Hüftgelenksdysplasie (kurz HD) C gezüch-tet, später wurden auch Elo mit dieser leichten HD (C) von der Zucht ausgeschlossen. Seit einigen Jahren züchten wir nur noch mit HD A und HD B. Schwere HD war bisher beim Elo sehr selten. Ausnahmen gab es in den ersten Generationen des Klein-Elo. Hier ist bei einigen Hunden schwere HD aufgetreten. Seitdem wir nur noch mit A und B züchten, ha-ben wir in Richtung HD große Fortschritte gemacht.
Bei der Wegzüchtung des deformierten Gebisses des Pekinesen gab es bereits in den ersten Generationen enorme Fortschritte. Dennoch kam gelegentlich auch Generationen später noch das Erbe des Pekinesen-Gebisses zum Vorschein, bei dem der Oberkiefer nur einige Millimeter kürzer als der Unterkiefer ist. Bei Pekinesen kann dieser Unterschied bis zu 2 cm betragen. Dieses wurde beim Klein-Elo noch nicht festgestellt.
Auf jeden Fall kommen wir von Generation zu Generation unserem ge-setzten Zuchtziel - eine robuste Erbgesundheit - immer näher.

4.4.3 Der Wesensstandard des Elo

Verhalten im Welpenalter

Schon im Welpenalter zeigen gut veranlagte Elo gegenüber Fremden eine gewisse Zurückhaltung. Der Elo soll kein „Allerweltshund", aber auch kein „Einmannhund" sein, sondern schon als Junghund eine enge Beziehung zu den ihm vertrauten Personen entwickeln, sich aber auch schnell an eine neue Umgebung gewöhnen. Beim Ausführen sollten Fremde nicht durch Anspringen begrüßt werden, es sei denn, der Fremde animiert dazu. Der gut veranlagte Elo zeigt sowohl im Welpenalter wie auch später, Gefolgs- und Ortstreue. Er entfernt sich von Natur aus nicht weiter als ca. 50 bis 100m, weder von seinem Führer noch von Haus und Hof. Da der Elo schon als Welpe einen festen Ausscheidungsplatz benutzt, wird er in der Regel ca. 10-14 Tage nach Abgabe stubenrein sein. Voraussetzung ist jedoch, dass er regelmäßig nach der Ruhephase herausgelassen wird. Der robuste, belastbare Elo kann meist schon im Welpenalter nach einer Eingewöhnungszeit von wenigen Wochen für kurze Zeit allein gelassen werden. Bei Angebot von geeigneten Spielsachen sowie Kaumaterial (Ochsenziemer oder Kalbsknochen) wird er kaum die Wohnungseinrichtung zerstören oder die Nachbarn durch sein Gekläffe belästigen. Diese, wie auch viele andere Eigenschaften, werden dem Elo nicht durch Abrichtung oder Erziehung vermittelt, sondern sie gehören zu seinem überwiegend angeborenen Verhaltensmuster.

Dennoch wird eine gewisse Erziehung notwendig sein.

Erwünschte Wesensmerkmale, die bei der Zuchtauswahl berücksichtigt werden:
1. Ruhiges bis lebhaftes Temperament
2. Robustes, belastbares Wesen
3. Instinktsicheres, intaktes Sozialverhalten mit ausgeprägtem Mienenspiel
4. Veranlagung zu schneller Stubenreinheit
5. Keine Futterverteidigung gegenüber der Familie
6. Vorhandenes Sättigungsgefühl
7. Gute Unterordnungsbereitschaft in der Familie, verbunden mit kindergeeignetem Verhalten
8. Ausgeprägte Wachsamkeit, verbunden mit geringer Bellneigung
9. Veranlagung zur geringen Bell- und Lautfreudigkeit

10. Problemloses Alleinbleiben
11. Fehlende Neigung zu aggressiver Eifersucht
12. Fehlender bis geringer Jagdtrieb
13. Ausgeprägte bis geringe Spielneigung und Apportierverhalten
14. Mittlerer Bewegungsdrang und geringe Neigung zum Ziehen an der Leine
15. Enge Bindung zu seinem Menschen mit ausgeprägter Folgsamkeit
16. Angemessene Begrüßung vertrauter Menschen mit keiner bis geringer Neigung zum Anspringen oder Freudengebell
17. Ausgeprägte Ortstreue
18. Gute Gelehrigkeit
19. Normaler bis gedämpfter Sexualtrieb
20. Unempfindlich gegen Knallgeräusche, Gewitter
21. Geringe Neigung zum Buddeln bzw. Löcher graben, außer es handelt sich um bewohnte Mäuselöcher

Anmerkungen zu den Zuchtzielen

Alle diese aufgeführten Wesensmerkmale sind nach bisherigen Beobachtungen über das Erbgut beeinflussbar. Bei der Züchtung des Elo war und ist es das Ziel, die für einen kindergeeigneten Familienhund erwünschten rassetypischen Verhaltensmerkmale der beiden wichtigsten Ausgangsrassen (Bobtail und Eurasier) und auch der anderen Gründertiere, in einer neuen Rasse zusammenzuführen. Sie sollen züchterisch erhalten werden, während die für den vorgesehenen Verwendungszweck der neuen Rasse unerwünschten Erbanlagen verdrängt werden sollen. Der Elo sollte aufmerksam, interessiert und freundlich wirken. Das Meiden fremder Zuwendung liegt teilweise in seinem Naturell und ist nicht mit Handscheue zu verwechseln.

Der gut veranlagte Elo verfügt über ein ausgeprägtes Mienenspiel, ein ruhiges bis mittleres Temperament und hat ein selbstbewusstes, ausgeglichenes Wesen mit hoher Reizschwelle. Außerdem ist er spielfreudig. Bei den unter „Wesensstandard" aufgeführten Wesensmerkmalen handelt es sich um überwiegend angeborene und vererbbare Charakteranlagen, die teilweise durch Erziehung in die gewünschte Richtung gefördert werden müssen.

Ebenso sind die aufgezählten unerwünschten Wesensmerkmale vererbbar und oft schwierig durch Erziehung zu beeinflussen.

Hinzugefügt sei noch, dass die hier aufgeführten Wesensmerkmale Zuchtziele sind und es inzwischen gelungen ist, sie zu etwa 80% als rassetypische Merkmale anzuzüchten.

Autofahrten

Bei einem Welpen, der zum ersten Mal im Auto transportiert wird, ist ein Erbrechen - meist nach einer ¼ Stunde - normal. Wenn ein Welpe jedoch mehrmals Auto gefahren ist, ohne unangenehme oder gar schmerzhafte Erfahrungen, wie plötzliches Bremsen oder gar einen Verkehrsunfall, und trotzdem während der Fahrt sehr aufgeregt ist, so ist dies vermutlich in seinem Erbgut begründet. Wir haben inzwischen durch zahlreiche Befragungen und auch durch eigene Erfahrungen erlebt, dass mehrere Nachkommen eines Zuchtrüden Probleme mit dem Autofahren hatten. Obwohl der Elo im Allgemeinen gerne Auto fährt, ist dies ein Beweis, dass ein problematisches Verhalten während der Autofahrt (wie Speicheln, Unruhe, sich weigern, in das Auto einzusteigen) einerseits angeboren sein kann, andererseits aber auch auf schlechten Erfahrungen beruhen kann. Auch dieses Verhalten wird weiter von uns beobachtet.

Die Zuchtziele

Die genannten Wesensmerkmale wurden teilweise bei den zum Aufbau der Elo-Zucht verwendeten Bobtails und Eurasiern beobachtet. Wir bemühen uns, die Zuchtziele weiter erblich zu festigen. In diesem Zusammenhang sollen drei der interessantesten Gründertiere genannt werden. Die Bobtail-Hündin Quietschtier (die ich im Erwachsenenalter übernommen habe) und auch ihr reinrassiger Sohn Dino (den ich als Welpe aufgezogen habe) zeichneten sich durch ein sehr robustes, belastbares Wesen, nur spielerisches Hinterherlaufen bei fliehenden Wildtieren sowie friedliches Verhalten gegenüber Artgenossen aus. Auch beim Auskämmen von verfilzten Haaren zeigten sie sich recht schmerzunempfindlich. Als Quietschtier von einem Artgenossen verletzt wurde, konnte die Wunde vom Tierarzt ohne Narkose genäht werden, ein Zeichen dafür, dass sie nicht so schmerzempfindlich war. Von den Eurasiern ist insbesondere die Eurasier-Hündin Anka zu erwähnen, die wir bereits als Welpe übernommen haben. Ursprünglich hatten wir bei einem anderen Eurasier Züchter einen Welpen bestellt. Nachdem der Eurasier Züchter erfuhr, dass wir auch noch Bobtails züchten, wurde der Kaufvertrag wieder rückgängig gemacht.

Im Nachhinein gesehen, war dies ein glücklicher Zufall, weil dadurch der Platz für die Übernahme von Anka frei wurde. Wie sich später zeigte, hatte sie absolut keinen Jagdtrieb und eine ausgeprägte Wachsamkeit, jedoch ohne Angriffsbereitschaft gegenüber fremden Menschen. Die zahlreichen positiven Eigenschaften der Bobtail-Hündin Quietschtier, ihres Sohnes Dino und der Eurasier-Hündin Anka sowie deren Nachkommen, haben mich dazu ermutigt, mit der Elo-Zucht zu beginnen. Durch eine gezielte Zuchtauswahl in Hinblick auf einen gesellschaftsverträglichen Familienhund wollte ich diese Eigenschaften züchterisch erhalten. Fachleute haben mich darauf hingewiesen, dass die Umwelt einen großen Einfluss habe. Deshalb ist es so wichtig, dass bereits Welpen artgerecht in einer interessanten Umwelt aufgezogen werden. Fachleute weisen ebenfalls darauf hin, dass es wissenschaftlich erwiesen sei, dass es für die Vererbung von Wesensmerkmalen eine hohe Heritabilität gäbe. Das bedeutet, dass nicht nur das Erbgut, sondern auch die Umwelt einen gewissen Einfluss auf das gezeigte Verhalten hat. Im nächsten Abschnitt beginnen wir mit einzelnen Wesensmerkmalen, die von den Ausgangstieren züchterisch erhalten werden sollten.

Leinenführigkeit:
Bisher gibt es meines Wissens noch keine wissenschaftlichen Erkenntnisse darüber, ob Nicht-Ziehen an der Leine vererbbar ist. Unsere zahlreichen Beobachtungen bei nicht trainierten Hunden haben jedoch gezeigt, dass die meisten Elo, sowohl als Junghund als auch später als Adulte, nicht oder kaum an der Leine ziehen. Dagegen sollen Schlittenhunde eine ausgeprägte Neigung zum Ziehen an der Leine bzw. am Schlitten zeigen.

Verhalten beim Freilauf:
Die Wesenstestpunkte „Freilauf" sowie „Leinenführigkeit" werden vor allen anderen Beurteilungen, die für sensible Hunde mit Stress verbunden sein könnten, durchgeführt. Auch hier haben unsere Elo gezeigt, dass sich einige zunächst, wenn sie nach längerer Zeit außerhalb unserer großen Anlagen Freilauf bekamen, auch ohne vorheriges Training nicht weiter als 50 bis 100 Meter von der vertrauten Person entfernten. Sie kamen auf Zuruf wieder und blieben nach dem Austoben auch in der Nähe des vertrauten Menschen, innerhalb von ca. 30-50 Metern. Andere wiederum blieben von Anfang an in der näheren Umgebung ihres vertrauten Menschen. Bei vereinzelten Hunden konnten

wir beobachten, dass sie nach dem Toben die meiste Zeit hinter dem vertrauten Menschen gingen. Das ist jedoch nicht unser Zuchtziel.

Apportierverhalten:

Hierunter versteht man die angeborene Neigung, Gegenstände wie Ball, Stöckchen usw. umherzutragen. Das Herbringen muss wiederum antrainiert werden. Sollte der Hund bspw. als Behindertenbegleithund ausgebildet werden, wäre diese Veranlagung sehr wichtig.

Apportierfreudigkeit wird vom Elo als Familienhund nicht unbedingt gefordert. Hunde können über viele schöne Merkmale und Eigenschaften verfügen. Bei der Züchtung muss man jedoch Prioritäten setzen, wenn man die Hauptziele erreichen will. Apportierneigung betrachten wir als wünschenswert. Das Fehlen dieses Merkmales bewerten wir jedoch nicht als schweren Fehler, der eine Zuchtverwendung eingrenzt. Es ist also nicht vergleichbar mit dem sehr ausgeprägten Jagdtrieb. Dieser wäre in der Regel schon ein Zuchtausschluss. Gewiss kann man auch das Apportieren durch Belohnung bzw. Loben fördern. Daher wird es auch oft schwierig sein, das angeborene vom anerzogenen Verhalten zu unterscheiden. Man wird als Wesensrichter auf die Aussagen des Besitzers angewiesen sein.

Apportieren und Spielen:

Dieses Wesensmerkmal könnte bei einigen Elo etwas ausgeprägter vorhanden sein. In diesem Zusammenhang ist auch noch zu erwähnen, dass unsere Eurasier Hündin Anka, die völliges Desinteresse am Jagen und Wildern hatte, auch kein Interesse am Spielen und Apportieren hatte. Dies ist ein Hinweis darauf, dass diese Eigenschaften miteinander kombiniert sein können. Wir sind uns darüber im Klaren, dass der Elo, bei völligem Wegzüchten des Jagdtriebes, auch ein geringer ausgeprägtes Apportierverhalten zeigen könnte. Im Laufe der Jahre konnten jedoch auch Elo beobachtet werden, die spielerisch waren, ohne Jagdtrieb zu zeigen.

Dieses Beispiel zeigt, dass in der Zucht gelegentlich Kompromisse eingegangen werden müssen. Wenn man jedoch weiß, dass die meisten Ausgangstiere auch kein ausgeprägtes Spiel- und Apportierverhalten zeigten, muss dieses Wesensmerkmal züchterisch weiter gefördert werden.

Dabei ist es nicht unser Ziel, dass der Elo ein stark ausgeprägtes Apportier- und Spielverhalten zeigen sollte, wie bei einigen Hütehunde-Rassen, deren Apportierverhalten kaum zu befriedigen ist. Der Elo sollte weder ein übersteigertes Spiel- und Apportierverhalten noch Des-interesse zeigen. Das Apportier- und Spielverhalten wird bei der Zuchttauglichkeitsbeurteilung getestet. Dieses Wesensmerkmal ist be-sonders für Kinder interessant, die bekanntlich mit ihrem Hund spielen möchten.

Annäherung eines Menschen in neutraler Haltung und in die Augen schauen bzw. fixieren:

Dies ist für die meisten Hunde eine Bedrohung. Elo schauen in der Regel zur Seite, ohne dies als Bedrohung zu betrachten.

Unterordnung, übermäßige Schmerzempfindlichkeit:

Dieser Test wird folgendermaßen durchgeführt: Der Wesensrichter drückt den Hund hinten runter, um ihn danach in die Rückenlage drehen zu können. Das lassen sich jedoch nicht alle Elo durch eine fremde Person gefallen. Deshalb kann dieser Testpunkt auch vom Besitzer durchgeführt werden. Die meisten Elo lassen sich problemlos und ohne Kommando vom Wesensrichter in die Rückenlage drehen.
Kleinkinder sind im Umgang mit Hunden nicht immer vorsichtig. Deshalb sollte der Elo nicht überempfindlich auf Haare zupfen durch Kleinkinder reagieren. Dies bedeutet jedoch nicht, dass sich selbst der geduldigste Elo nicht irgendwann mal durch Zwicken zur Wehr setzen könnte, wenn er grob von Kindern behandelt wird.

Keine Neigung zur Futterverteidigung:

Dies soll nicht bedeuten, dass der Elo bei der Futteraufnahme durch Kin-der gestört werden sollte. Dennoch gibt es im Alltag genügend Situation-en, wie beispielsweise das Klingeln eines Telefons, die den Menschen von seinem eigentlichen Tun ablenken können. Falls ein Kleinkind an das Hundefutter geht, sollte der Elo - auch ohne dazu erzogen worden zu sein - dieses nicht um sich beißend verteidigen. Da es uns gelungen ist, dieses Wesensmerkmal erblich zu festigen, bzw. züchterisch von einigen Ausgangstieren zu erhalten, kann man Elo in der Regel auch problemlos im Rudel füttern. Ebenso kann man auch Fleischknochen zum Ab-knabbern anbieten, ohne dass es zu ernsten Auseinandersetzungen kommt. Hierbei sind jedoch noch große Verhaltensunterschiede zu beobachten. Bei den Neueinkreuzungen Elo x Eurasier, insbesondere der ersten Generation, konnten wir noch eine sehr ausgeprägte Futterverteidigung beobachten. Wenn z.b. Knochen angeboten wurden, wurden diese noch Stunden später gegenüber Artgenossen hemmungslos verteidigt, wie beispielsweise bei Artus und Aldrago, zwei Brüder aus der Neueinkreuzung Elo x Eurasier.

Wachsamkeit und Verteidigungsbereitschaft:
Es wird gewünscht, dass der Elo wenig bellt und trotzdem wachsam ist. Das scheint zunächst ein Widerspruch zu sein, denn sehr wachsame Hunde sind oft auch sehr bellfreudig. Wir haben immer wieder bei einigen unserer Hunde beobachten können, dass sie nicht mit Bellen oder Heulen auf weit entfernte Geräusche, wie Hundegebell oder Sirenengeheul reagieren, sondern erst dann kurz anschlagen, wenn ein Fremder in unmittelbarer Nähe ist. Andere wiederum reagieren mit langanhaltendem Bellen. So beobachten wir immer wieder, dass sich einzelne Hunde, obwohl das ganze Rudel bellt, nicht zum Mitbellen animieren lassen. Das friedliche Verhalten auf der einen Seite und die Verteidigung bei Angriffen gegen seinen Menschen andererseits, erscheint zunächst ebenfalls als ein Widerspruch. Hier ist es sehr schwierig, die goldene Mitte zu finden. Wenn ein Bekannter beim Eintreffen freundlich begrüßt wird, so wird der instinktsichere Hund den Fremden ebenfalls begrüßen oder sich neutral verhalten. Im anderen Fall würde der Hund instinktiv spüren, wenn ein ernsthafter Angriff ablaufen würde. Dabei wäre es erwünscht, dass der Elo seinen Menschen verteidigt. Dieses Verhalten ist nur bei einigen wenigen Elo beobachtet worden. Andererseits ist es auch sehr schwierig, eine sehr friedliche Rasse zu züchten, die gleichzeitig auch ihren Menschen bei Gefahr verteidigt. Deshalb ist es ausreichend, wenn der Elo seinen Menschen vor möglichen Gefahren z.B. durch Knurren oder Bellen warnt.

Beurteilung des Verhaltens gegenüber bedrohlichen Personen:
Hier sollte der Elo weder unsicher, panikartig noch desinteressiert reagieren und ebenso auch nicht mit hemmungsloser Angriffsbereitschaft.

Verhalten angebunden in fremder Umgebung, wobei sich der Besitzer entfernt:
Bei diesem Test wird der zu beurteilende Elo neben anderen zu beurteilenden Elo angebunden, während sich der Besitzer außer Sicht und

Hörweite entfernt. Das Angebundensein in fremder Umgebung sollte der Elo vorher schon kennengelernt haben. Je nach Veranlagung wird der Elo ruhig und entspannt sein oder ein aufgeregtes, hektisches Verhalten zeigen. Es gibt aber auch Elo, die nur anfangs etwas Unruhe zeigen, sich jedoch bald beruhigen. Bei diesem Test geht es insbesondere um Alltagssituationen, wie bspw. Urlaub auf dem Camping-Platz. Gleich nach der Ankunft sollte es möglich sein, dass der Besitzer auf die Toilette gehen kann, ohne dass der Elo durch Kläffen und Winseln die anderen Campinggäste stört. Diese Beurteilung sollte ca. 20- 30 Minuten dauern.

Verträgliches, instinktsicheres Verhalten gegenüber Artgenossen, insbesondere gegenüber Welpen:

Ein instinktsicheres Verhalten bei der Verpaarung, vor, während und nach der Geburt, bei der Welpen-Aufzucht sowie auch instinktsicheres Spüren von Gefahren, werden von einem gut veranlagten Elo erwartet. Elo, deren Instinkte und Triebe völlig oder teilweise degeneriert sind, die z.B. nicht mehr in der Lage sind, sich ohne menschliche Hilfe zu verpaaren, zu gebären oder ihre Welpen aufzuziehen oder auf Schmerzensschreie ihrer Welpen zu reagieren, eignen sich nicht für die Zucht; auch wenn ihre äußere Erscheinung sehr ansprechend ist.

Leider sind einige Rassehunde im Verhalten entartet. Auch deshalb achten wir besonders darauf, dass der Elo gegenüber unterwürfigen Artgenossen mit sofortiger Beißhemmung reagiert. Dieses Zuchtziel ist inzwischen auch bei den meisten Elo erreicht worden. Die Rangordnung wird innerhalb des Rudels zunächst durch ritualisiertes Verhalten, wie Drohen und Scheinkämpfe ausgetragen, ernste Rangordnungskämpfe finden nur selten statt. Auf neutralem Boden verhalten sich die meisten Elo auch an der Leine friedlich, verteidigen sich jedoch bei Angriffen.

Beim Elo ist das Interesse an fremden Artgenossen in der Regel nicht allzu groß. Er lässt sich deshalb auch bei der Begegnung mit aggressiven oder überängstlichen Hunden leicht abrufen. Gelegentlich gab es Elo, die schon aus großer Entfernung zu fremden Hunden hinliefen, die dann panikartig davonliefen. Um diesem Verhalten entgegen zu wirken, sollte man - falls notwendig - erzieherisch einwirken.

Eine Ausnahmesituation besteht bei Wahrnehmung läufiger Hündinnen. Als Fehler und Ausschlussgrund für die Zuchttauglichkeit gelten fehlende Beißhemmung gegenüber unterwürfigen Artgenossen oder Welpen, sowie ein aggressives Verhalten gegenüber Artgenossen und insbesondere Menschen.

Bindung zum Menschen, Mienenspiel und Begrüßungsverhalten:

Schon im frühen Welpenalter konnte die enge Bindung zum vertrauten Menschen, besonders beim Bobtail, beobachtet werden; gleiches auch bei den meisten Eurasiern. Im Mienenspiel war wiederum der Eurasier gegenüber dem Bobtail mit seinen Hängeohren und der langen Behaarung weit überlegen. Quietschtier und Anka hatten ein freundlich ausgeprägtes Begrüßungsritual. Dies war weder mit hektischem Anspringen noch Freudengebell verbunden. So war es auch hier wiederum eines unserer Zuchtziele, die enge Bindung, das ausgeprägte Mienenspiel, die geringe Bellfreude und eine geringe Neigung zum Anspringen von ausgewählten Rassehunden züchterisch zu erhalten.

Wesensbeurteilung bei akustischen und optischen Reizen:

Bei diesem Testpunkt wird zunächst in größerer Entfernung ein Regenschirm aufgespannt. Danach wiederholt man dies mehrmals in der Nähe des Hundes. Bei diesem Test sollte der Elo kein verunsichertes Verhalten zeigen. Beim Peitschen knallen wird zunächst auch in größerer Entfernung leise geknallt. Danach geht der Wesensrichter allmählich auf den Hund zu, wobei auch die Knallgeräusche lauter werden. Auch in dieser Situation sollte sich der für die Zucht eingeplante Elo bewähren und nicht verunsichert oder gar panikartig reagieren. Um den Elo nicht weiter zu verunsichern, wird der Test, wenn er unsicher reagiert, abgebrochen. Der Elo wird dann dementsprechend nach Punkten bewertet.

Verhalten des gut veranlagten Elo gegenüber Kleinkindern:

In der Regel ist der Elo, insbesondere wenn er mit Kindern aufwächst, auch ohne besondere Erziehung im Zusammenleben mit Kleinkindern problemlos. Er ist geduldig, hat eine Beißhemmung, passt sein Spielverhalten dem Kind an. Sollte sich das Kind beispielsweise dem Hund gegenüber sehr grob verhalten, wird er durch Knurren oder spielerisches Zwicken bekunden, dass die Spielregeln verletzt wurden. Von wenigen Ausnahmen abgesehen, spielt der Elo-Welpe sanft, was ihn deshalb auch besonders interessant für Kinder macht. Ausgeprägte Veranlagung zum Schnappen, Zwicken oder Beißen werden als zuchtausschließende Fehler bewertet.

Beurteilung des kindergeeigneten Verhaltens:

Der Testaufbau sieht vor, dass ein Kleinkind vor dem angebundenen Hund vorbeiläuft, dann vor dem Hund hinfällt und zappelt und um ihn herum hüpft. Dabei wird das Verhalten des Elo genau beobachtet. Er sollte dabei friedliches Verhalten zeigen. Dieser Test ist bisher, soweit bekannt, bei anderen Rassen noch nicht durchgeführt worden. Auch hier spielt die Erfahrung, aber auch die genetische Disposition eine Rolle. Einige Hunde sind durch übersteigertes Beutefangverhalten für weglaufende oder hinfallende Kleinkinder eine Gefahr. Dadurch, dass wir versuchen, das Desinteresse von Anka wie auch das von Quietschtier züchterisch zu erhalten (was uns nicht immer gelingt), versuchen wir in der Elo-Zucht immer einen Beitrag für ein problemloses Zusammenleben mit Kindern zu leisten.

Desinteresse am Jagen und Wildern, friedliches Verhalten gegenüber Haustieren:

Wir bemühen uns, den Jagdtrieb zugunsten des Spieltriebes zurückzudrängen bzw. diesen auf das Fangen und Töten von Mäusen zu beschränken. Fliehende Tiere wie Katzen, Hasen oder Kaninchen sollten nicht verfolgt werden, wenn überhaupt nur spielerisch und allenfalls über eine kurze Distanz. Der Elo sollte selbständig oder nach kurzem Ruf zu seiner Bezugsperson zurückkehren. Wildtiere wie Rehe, die eine größere Fluchtdistanz einhalten und deshalb schon aus weiter Entfernung fliehen, werden in der Regel nur interessiert beobachtet. Sich ruhig verhaltende Jung- und Wildtiere sowie sich normal verhaltende Haustiere werden meist nicht verfolgt und nicht angegriffen. Dieses Zuchtziel ist z.Zt. noch nicht bei allen Hunden erreicht, jedoch gehen wir davon aus, dass es in den nächsten Generationen weitestgehend erreicht werden wird.

Vielleicht werden sich einige Leser verwundert fragen, ob so etwas - wie z.B. den Jagdtrieb nur auf kleine Nagetiere wie Ratten und Mäuse zu beschränken - überhaupt genetisch verankert sein kann. Dazu möchte ich sagen, dass meine jahrelangen Beobachtungen gezeigt haben, dass sich die meisten Verhaltensbesonderheiten weitervererben, jedoch oft nicht in der ersten Generation, sondern erst in der zweiten Generation, und nur bei einigen wenigen Tieren zum Vorschein kommen. Wenn es nun gelingt, diese Tiere mit den erwünschten Verhaltensmerkmalen untereinander zu verpaaren, gibt es Fortschritte zu den angestrebten Zuchtzielen. Bisher haben wir hierzu gute Fortschritte beim Desinteresse am Hetzen von Tieren erreicht. Bisher liegen jedoch noch zu wenige

Erfahrungen über die Wesensbesonderheit des „reduzierten" Jagdtriebes auf kleine Nagetiere wie Ratten und Mäuse vor, und ob sich dieser auch weiter erblich festigen lässt. Ein sehr ausgeprägter Jagdtrieb und Unverträglichkeit mit Haustieren, auch nach längerer Gewöhnung, gelten als Fehler und bedeuten Zuchtausschluss.

Einen fehlenden Jagdtrieb betrachten wir bei einem domestizierten Haustier wie dem Hund nicht als eine Degenerationserscheinung, weil er seine Nahrung heutzutage zum Überleben nicht mehr selber jagen muss, wie verwilderte Hunde oder Wölfe. Für diese wäre ein fehlender Jagdtrieb lebensbedrohlich. In einer Notfallsituation könnte der Elo aber durch Fangen von Mäusen überleben.

Beurteilung des Jagdverhaltens:

Hierzu wurde auf dem Gelände unserer Forschungsstation in Dedelstorf ein großes Gehege für Kaninchen gebaut, in dem die Kaninchen Freilauf haben. Der zu beurteilende Elo kommt in ein daneben liegendes Gehege, das eine Länge von ca. 40 m hat. Zunächst begegnet er dem sich ruhig verhaltenden Kaninchen. Der Elo zeigt dabei in den meisten Fällen nur wenig oder gar kein Interesse. Werden die Kaninchen durch Händeklatschen zum Weglaufen bewegt, wird das Verhalten des Hundes genau beobachtet. Sofern er auch an den weglaufenden Kaninchen kein Verfolgungsinteresse zeigt oder nur spielerisch hinterherläuft, um dann wieder zu seinem Besitzer zurück zu kehren, bekommt er für diesen Test der Wesensbeurteilung die volle Punktzahl. In den letzten Jahren konnten wir zahlreiche Elo beobachten, die keinerlei Interesse am Hetzen der Kaninchen zeigten, sondern lediglich ein neugieriges interessiertes Verhalten, um danach das Gehege zu erkunden. Auch dies ist ein weiterer Beweis, dass es uns gelungen ist, die interessantesten Wesensmerkmale von Quietschtier, Dino und Anka über zahlreiche Generationen zu erhalten und zu festigen.

Bellverhalten, Lautstärke, verbunden mit Wachsamkeit:

Der gut veranlagte Elo ist wachsam und bellt nur wenig, wobei bei der Zuchtauswahl Elo mit leiser, tiefer Stimme bevorzugt werden sollten.

Bei der Zuchtauswahl auf leises, sowie mehrsilbiges Bellen, haben wir bisher noch keine allzu großen Fortschritte erreicht. Deshalb werden wir dieses Merkmal über weitere Generationen beobachten. Die Elo-Zucht hat inzwischen jedoch bewiesen, dass ein langanhaltendes Bellen oder Bellen mit lauter, hoher Stimme und Kläffen bei geringen Anlässen

Eigenschaften sind, die durch Zuchtauswahl weggezüchtet werden können.

Ortstreue:
Die meisten Elo sind ortstreu und entfernen sich nicht vom Grundstück, oder bleiben in unmittelbarer Nähe. Fehlende Ortstreue und Neigung zum Streunen, das heißt, dass sich der Hund weiter als etwa 100m entfernt, sind beim Elo unerwünscht. Jedoch kann nur der Besitzer die Ortstreue überprüfen und die Zuchtleitung muss sich auf die Angaben des Besitzers verlassen. Selbst können wir dieses nur im kleineren Rahmen bei unseren eigenen Hunden auf der Elo Ranch beobachten. Wobei sich einige Elo durchaus - insbesondere in der Gruppe - bis zu ca. 80 m entfernen, während andere auf dem Hof bleiben und sich auch nicht vom Hof entfernen. Dieses Verhalten zeigt unsere Klein-Elo-Hündin Schneewittchen in einer sehr ausgeprägten Form. Da sie auch nicht jagt oder wildert, kann man sie auch als die vorbildliche Stammmutter der Klein-Elo-Zucht betrachten.
Auf Grund ihrer vielen interessanten Wesensmerkmale haben wir zahlreiche ihrer Nachkommen in der Klein-Elo-Zucht eingesetzt. Darunter war auch ein Wurf aus einer Verpaarung mit einem Kleinspitz-Rüden, dessen Nachkommen ebenfalls die Elo-Zucht vorangebracht haben.
Anmerkung zu Schneewittchen: Inzwischen hat sie ein Alter von 17 Jahren erreicht. Sie hat sich in den letzten 3 Jahren in ihrem Verhalten geändert und ist inzwischen auch schwerhörig geworden. Manchmal ist sie orientierungslos. Dennoch entfernt sie sich niemals weit vom Hof.

Anmerkung zur Wesensbeurteilung:
Für den Wesensrichter bzw. Elo-Züchter ist es nicht immer leicht zu unterscheiden, wo die Grenzen z.B. bei aggressivem oder ängstlichem Verhalten verlaufen. Wie bereits gesagt, soll der Elo sich verteidigen und auch Welpen erziehen. Dazu gehört es unter Umständen, raufende Welpen durch Zwicken zu bestrafen. Wenn ein Junghund den adulten Hund nicht als ranghöher akzeptiert, wird es notwendig sein, dies zu demonstrieren, was auch mit Zähnefletschen, Knurren oder Zwicken verbunden sein kann, bis der Junghund sich unterworfen hat. Dieses gehört auch beim Elo zum normalen Verhalten und hat nichts mit Aggression zu tun und wird deshalb auch nicht so bezeichnet. Wenn ein Hund dagegen einen unterwürfigen Welpen oder adulten Artgenossen ernsthaft beißt, ist er aggressiv. Schwierig ist auch die Beurteilung auf Ängstlichkeit, wenn

sich der Hund zu Hause und so lange es keine Veränderungen gibt, sehr sicher verhält, aber in fremder Umgebung - wie bei einer Wesensbeurteilung - anfangs ein unsicheres Verhalten zeigt. Hierbei spielt wiederum die Aufzucht, besonders bei wesensschwachen Hunden, eine wichtige Rolle. Wenn der Hund als Welpe nur sehr wenig Umwelterfahrung gesammelt hat, z.B. nur die unmittelbare Umgebung kennengelernt hat und kaum Kontakt zu anderen Hunden oder Tierarten hatte usw. Dieser Hund wird nun, je nach Erbanlage, unsicherer in fremder Umgebung reagieren als ein Hund, der schon im frühen Alter jeden Tag umfangreiche Umwelterfahrungen sammeln konnte. So werden insbesondere bei diesem Wesensmerkmal sowohl das Erbgut als auch die Umwelt eine wichtige Rolle spielen. Hinzugefügt sei noch, dass ein sehr wesensfester Hund, auch bei Aufzucht mit wenig Umwelterfahrung, schon nach kurzer Zeit sein anfangs gezeigtes, unsicheres Verhalten allmählich abbauen wird. Es ist nicht die Aufgabe des Wesensrichters zu ergründen, wie der Hund aufgewachsen ist und ob sein anfangs unsicheres Verhalten noch tolerierbar ist und wo die Grenzen angesetzt werden sollen. Nehmen wir an, der Hund ist mit wenig Umwelterfahrung aufgewachsen und verliert nach ca. einer ½ Stunde sein unsicheres Verhalten, zeigt sich danach sehr sicher und erfüllt auch sonst weitestgehend alle Kriterien, dann wäre er uneingeschränkt zuchttauglich.

Das bedeutet, dass der Wesensrichter nur das beurteilen kann, was er zum Zeitpunkt der Beurteilung beobachtet. Ein anderer Hund, der als Einzelhund aufgewachsen ist und schon als Welpe öfter neue Erlebnisse hatte, jedoch sein unsicheres Verhalten nicht abbaut, wird für die Zucht ungeeignet sein, auch wenn er sonst alle Kriterien eines idealen Elo erfüllt, weil Ängstlichkeit hoch vererbbar ist. Somit müssen sehr ängstliche Hunde aus der Zucht ausscheiden. Sollte es sich jedoch um ängstliches Verhalten in bestimmten Situationen, wie z.B. beim Peitschenknall handeln, so wird dieser Hund zunächst für zwei Würfe zugelassen, wobei die Hündin mit zwei verschiedenen Rüden verpaart wird. Gleiches gilt auch für Rüden. Sollten später die meisten Nachkommen sehr wesensfest und problemlos sein, würde die Zuchtleitung diesen Elo für die Weiterzucht zulassen. Sollten aber die meisten Welpen ein unsicheres Verhalten zeigen, wäre dies ein Beweis für die Vererbbarkeit dieses Merkmals und somit wären auch sie für die Zucht ungeeignet. Gleiches gilt auch für andere unerwünschte Merkmale.

Gehege für Schneehasen und Kaninchen: Wesenstest zur Beurteilung des Jagdtriebes bei den Hunden. Leider waren die Schneehasen für die Beurteilung der Hunde auf Grund ihres ängstlichen Verhaltens ungeeignet und wurden später abgeschafft und nur durch Kaninchen ersetzt.

Klein-Elo beim Wesenstest: Beurteilung des Jagdtriebs

4.4.4   Kompromisse in der Elo-Zucht

Anzumerken ist, dass zurzeit (Stand 2020) noch nicht alle Zuchtziele erreicht sind. Deshalb müssen wir in der Elo Zucht- und Forschungsgemeinschaft gelegentlich Kompromisse eingehen und zwischen Fehlern und Vorzügen abwägen. Den vollkommenen, fehlerfreien Elo gibt es nicht und wird es vermutlich auch nicht geben.

Um unsere sehr hochgesteckten Zuchtziele zu erreichen, kann es in Ausnahmefällen während einer Übergangszeit sein, dass Hunde zunächst nur für zweimalige Zucht verwendet werden. Das gilt für Hunde, die zwar einerseits einen zuchtausschließenden Fehler haben, wie z.B. eine gewisse Neigung zum Raufen mit gleichgeschlechtlichen Artgenossen oder einen ausgeprägten Jagdtrieb, andererseits aber viele Vorzüge oder vielleicht sehr seltene, besonders wertvolle, vererbbare Merkmale

94

besitzen, die züchterisch erhaltenswert sind. Die Abstammung aus einer seltenen Linie ist ebenfalls erhaltenswert. In diesen Fällen wird dann die Zuchtleitung nach Abwägung der Vor- und Nachteile diese Hunde evtl. auch für die Zucht verwenden. Dann wird jedoch die Zahl der Würfe bzw. der Deckakte begrenzt werden. Um Inzuchtproblemen vorzubeugen, sollten möglichst viele Elo für die Zucht verwendet werden. Dabei sind wir uns durchaus darüber bewusst, dass von Hundehaltern bzw. Züchtern Wesensmerkmale gelegentlich auch verschwiegen werden. Andererseits können auch unerwünschte Wesensmerkmale durch falsche Erziehung antrainiert werden. Um dem vorzubeugen, sollte vom Hundebesitzer gemeinsam mit dem Wesensrichter ein Fragebogen über das Wesen des Hundes ausgefüllt werden. Der Besitzer des Hundes bestätigt durch Unterschrift, dass er nach bestem Wissen alle Fragen wahrheitsgetreu beantwortet hat.

Um im Besonderen das Wesen und teilweise auch die Erbgesundheit objektiv beurteilen zu können, wäre es wünschenswert, wenn Zuchthunde, speziell Zucht-Rüden, die auf Grund ihres Erbgutes öfter in der Zucht eingesetzt werden sollen, zur Überprüfung für ca. 14 Tage zu einem beurteilungserfahrenen Züchter oder Wesensrichter in Pflege gegeben würden. Dieses wird derzeit auch schon von einigen Elo-Besitzern praktiziert. Aus Zeitmangel wird es jedoch nicht immer möglich sein, jeden einzelnen Zuchthund auf alle Faktoren gründlich zu überprüfen. Um diesem Zeitmangel entgegen wirken zu können, wird bereits im Vorfeld versucht, zuchtausschließende Fehler zu erkennen, so dass sich diese Prüflinge keiner Zucht- und Wesensprüfung unterziehen müssen, weil sie ohnehin nicht für die Zucht geeignet sind.

An dieser Stelle möchte ich darauf hinweisen, dass manche Hundefreunde unsere Zuchtziele und das tatsächlich Erreichte miteinander verwechseln oder als dasselbe betrachten. Noch sind nicht alle Ziele erreicht. Durch unsere engagierten Züchter und Zuchtrüden-Besitzer, kommen wir ihnen jedoch immer näher sowie auch durch unsere Welpen-Käufer, von denen uns viele über die weitere Entwicklung ihres Elo informieren. Gelegentlich gibt es Mängel oder auch Erkrankungen. Auch diese werden in unserem Zuchtprogramm gesammelt. Letztendlich möchten wir auch über das Ableben informiert werden. All dies trägt dazu bei, dass wir uns ein genaueres Bild insbesondere über die Vorfahren und letztendlich auch über die gesamte Linie machen können.

4.4.5 Verwendungszweck und Zuchtziele

Von der Elo-Zucht wird angestrebt, dass sich der Elo als wachsamer Sozialpartner und Familiengebrauchshund sowohl für den älteren, alleinstehenden Menschen wie auch für die in der Hundehaltung unerfahrene Familie mit Kleinkindern eignet. Er soll für das Leben in der Stadt in einer Etagenwohnung und auf dem Land geeignet sein. Daneben laufen Bemühungen Linien aufzubauen, die sich auch als Begleithunde für Rollstuhlfahrer, Rettungshunde oder für ähnliche Ausbildungen eignen. Auch für einen Rettungshund bringt der Elo gute Eigenschaften mit. So wurden inzwischen einige Hunde erfolgreich in der besagten Richtung ausgebildet.

Bei der Zuchtauswahl wird, neben äußeren Merkmalen und der Erbgesundheit, auf über 20 Charakteranlagen geachtet. Dabei werden schwerpunktmäßig die wichtigsten Wesensmerkmale - wie Desinteresse am Jagen und Wildern, ein friedliches Verhalten gegenüber harmlosen Menschen, insbesondere gegenüber Kleinkindern, Artgenossen und anderen Tieren - in den Vordergrund gestellt. Der Elo soll wachsam sein und sich bei Angriffen, evtl. auch gegen sein Territorium oder seinen Menschen, verteidigungsbereit zeigen, jedoch niemals aggressiv zu harmlosen oder weglaufenden Menschen sein. Das bedeutet im täglichen Leben, dass der bekannte Briefträger, der regelmäßig vorbeikommt, geduldet wird, aber Personen, die - besonders während der Dunkelheit - durch den Hintereingang das Haus betreten wollen, daran gehindert werden, indem der Hund diese Personen energisch verbellt. Erfolgt keine Reaktion, werden einige Elo den Eindringling notfalls auch durch Scheinangriffe oder Zwicken daran hindern, in das Haus einzudringen. Hunde, die sich trotz artgerechter Aufzucht und engem Kontakt mit Menschen und Artgenossen nicht als Familienhunde bewährt haben, werden nicht zur Zucht verwendet, z.B. wenn der Hund durch Bellfreudigkeit, Angriffslust, Hektik oder/und Nervosität oder wegen einer ausgeprägten Neigung zum Raufen, Wildern und Streunern sowie anderen ungünstigen Eigenschaften auffällt.

4.4.6 Wer sollte sich keinen Elo anschaffen?

Der Elo wird als Familiengebrauchshund gezüchtet (Artikel 3.4) und ist weder ein Hüte- noch ein Schutzhund. In der Regel ist er auch nicht zum Ziehen von Schlitten oder als Helfer für die Jagd geeignet.

Wer einen Hund für derartige Aufgaben sucht, sollte sich bei anderen Rassen umschauen. Wer plant, seinen Hund im Zwinger zu halten, vor allem bei einem Einzelhund, sollte sich ebenfalls keinen Elo anschaffen. Der Elo kann jedoch in Gesellschaft mit einem Zweithund durchaus auch als Wachhund im Garten gehalten werden, mit entsprechender Hütte selbst im Winter. Bei vorübergehender Abwesenheit des vertrauten Menschen, kann der Elo tagsüber in einem sinnvoll eingerichteten, möglichst großen Gehege von über 25 qm mit erhöhtem Liegeplatz sowie ausreichend Spielsachen untergebracht werden.

Ich empfehle, falls der Elo öfter bzw. länger allein sein muss, sich zwei Hunde anzuschaffen. Berufstätige, die in einer Etagenwohnung leben und den ganzen Tag außer Haus sind, sollten sich keinen Hund anschaffen. Hier wäre eine Katze geeigneter. Personen, die einen Hund suchen, der auf Knopfdruck funktionieren soll, empfehle ich einen Roboterhund.

4.5   Ratschläge für den Umgang mit einem Elo

Über die Hundeerziehung wurde schon sehr viel, aber leider meist nur allgemein geschrieben. Hunde sind, ebenso wie Menschen, individuell unterschiedlich. Daraus folgt, dass auch die Erziehung recht unterschiedlich sein sollte. Hunde können in ihrem Wesen sehr robust und belastbar bis sensibel oder ängstlich sein. Dementsprechend muss auch die Erziehung des Welpen gestaltet werden. Dies bedeutet, dass der sensible Hund einer sehr sanften Erziehung bedarf, oft reicht schon ein lautes Ansprechen. Demgegenüber sind für den selbstbewussten Hund manchmal härtere Erziehungsmethoden nötig, damit er den Menschen auch später als „Rudelführer" anerkennt. Spätestens dann, wenn er knurrt oder gar nach dem Menschen schnappt (was jedoch beim Elo äußerst selten vorkommt). Wir haben ein solches Verhalten persönlich noch nie beobachtet. Sollte dies ausnahmsweise doch der Fall sein, sollte der Hund zu Boden gedrückt werden. Oder man bestraft ihn - ähnlich wie die Wölfe ihre Welpen bestrafen, die diese über den Fang beißen - indem man schnell und kräftig bis leicht schmerzhaft mit der Hand über den Fang greift. Nassspritzen in Richtung Nase, beispielsweise mit einer Wasserpistole, hat sich bei den meisten Hunden als Erziehungsmaßnahme sehr gut bewährt. So konnte mit dieser Erziehungsmethode, in Verbindung mit einem lauten „Pfui", bei den Welpen z.B. das Kläffen unterbunden werden. Später genügte ein lautes „Pfui", um den Hund für begrenzte Zeit zum Schweigen zu bringen.

Das Wichtigste ist zunächst, dass man dem Welpen beibringt, dass nach einem energischen „Pfui" oder „Aus" etwas Unangenehmes passiert, wenn er nicht darauf reagiert. Noch wichtiger ist die Belohnung, wenn er auf ein Kommando richtig reagiert hat.

Die meisten Elo-Welpen spielen recht sanft, so dass eine Erziehung nicht notwendig ist. Wenn Welpen jedoch beim Spielen zum Zwicken neigen, sollte man ihnen das so schnell wie möglich abgewöhnen. Sofern die Methode mit der Wasserpistole keinen Erfolg bringt, ist eine andere Möglichkeit, dass man nach dem energischen Warnlaut "aus" den Welpen durch Zwicken bestraft. Eine weitere Möglichkeit wäre, den Welpen zu Boden zu drücken, auf den Rücken zu legen, fest zu halten und somit die Unterordnung zu demonstrieren. Wenn Sie dies mehrmals konsequent durchführen, werden Sie dieses Problem nicht mehr haben.

In der Elo-Zucht bemühen wir uns seit mehreren Generationen, den Elo gezielt auf umgängliches Wesen zu züchten, um damit dem Hundehalter vieles bei der Erziehung zu erleichtern. Trotzdem braucht der Welpe natürlich eine **konsequente** Erziehung.

Die wichtigste Aufgabe des neuen Welpen-Besitzers sollte es sein, **die gewünschten Eigenschaften durch Belohnung zu fördern** und die unerwünschten durch Erziehung zu unterdrücken.

Hinweis zum Auslauf

Seit ca. den letzten 20 Jahren wird in zahlreichen Hundebüchern darauf hingewiesen, dass ein Welpe pro Lebenswoche nur eine Minute mehr Auslauf bekommen sollte. Sofern damit das Training an der Leine gemeint ist, kann man dies so handhaben. Wenn man jedoch die Bewegung und den Freilauf damit meint, ist dies nach meiner Erfahrung und Beobachtung für einen Elo viel zu wenig. Unsere Beobachtungen haben gezeigt, dass Welpen bereits im Alter von 7 Wochen morgens bis zu einer halben Stunde spielen. Die späteren Spielphasen werden etwas kürzer sein. Nach der 7. Lebenswoche bekommen unsere Welpen Freilauf im umzäunten ca. 800m² großen Hof. Hierbei sind sie mehr als eine halbe Stunde aktiv und verbringen die Zeit mit Laufen und Spielen. Im Alter von 10 Wochen werden sie in einem sehr großen Gehege untergebracht und zeigen auch längere Aktivitätsphasen. Was das Ausführen im Alter von ca. 10 Wochen anbetrifft, handhaben wir es so, dass wir mit ihnen an der Leine ca. 30 Minuten langsam spazieren gehen. Wenn wir merken, dass der Welpe keine Lust mehr hat, machen wir eine Pause, indem wir uns z.B. auf eine Bank setzen, um danach zurück zu gehen. Dies dauert etwa eine halbe Stunde.

Erziehung zur Stubenreinheit

In den ersten Tagen sollte der Welpe nach dem Aufwachen und dann ca. alle zwei bis drei Stunden (jeweils nach Ende der Ruhephase) „Gassi" geführt werden. Spät abends, bevor man schlafen geht, sollte der Welpe noch einmal „Gassi" geführt werden. Dann wird er vermutlich auch durchschlafen, insbesondere wenn er in den ersten Tagen in der Nähe der „Familie" schlafen darf. Wir empfehlen die Anschaffung einer Transportbox, die so groß gekauft werden sollte, dass der Welpe auch später als ausgewachsener Elo hineinpasst. Hier kann man den Welpen in den ersten Nächten unterbringen und die Box neben das Bett stellen. Zwecks Gewöhnung sollte er in der Transportbox gefüttert werden. Bevor man schlafen geht, kann man ihn reinlocken, schließt die Tür und stellt die Transportbox neben das Bett, damit man ihn auch durch Hand hinhalten beruhigen kann. Da sich der Welpe normalerweise nicht in sein Lager entleert, wird er durch Unruhe anzeigen, wenn er sich entleeren muss. Dann sollte er auch nach Draußen gebracht werden. Um zu vermeiden, dass der Welpe in die Wohnung macht, sollten Sie ihm in den ersten Tagen ab ca. 20.00 Uhr nichts mehr zu trinken geben. Er wird dann in der Regel über Nacht kaum in der Wohnung „Pipi" machen. Morgens, sobald der erste in der Familie aufsteht, wird auch der Welpe munter werden. Nachdem der Welpe sich bewegt hat, verspürt er nach kurzer Zeit Harndrang. Deshalb sollte man ihn morgens gleich nach dem Aufstehen rauslassen und dafür sorgen, dass er sich entspannt entleeren kann und nicht vergessen, ihm anschließend frisches Wasser anzubieten!

Übrigens, bei Stress, zu wenig Bewegung oder Ablenkung kann es sein, dass der Welpe sich nicht entleert und dies später bei Ruhe möglicherweise in der Wohnung tut. Der gut veranlagte Elo wird nach ca. 10 Tagen stubenrein sein. Vorausgesetzt ist natürlich, dass er die Möglichkeit hat, regelmäßig nach draußen zu gelangen, um sich hier ungestört zu entleeren. Dafür ist ein umzäunter Garten ideal.

Konditionierung auf einen Lockruf

Es hat sich als großer Vorteil erwiesen, die Welpen auf einen Lockruf zu prägen. Wir verwenden dazu einen Lockpfiff. Sobald die Welpen im Alter von ca. 18 bis 24 Tagen zusätzliche Nahrung aufnehmen, erklingt immer vor der Fütterung der gleiche Lockpfiff. Die Konditionierung auf einen

Lockpfiff empfehlen wir auch allen anderen Elo-Züchtern. Der Welpen-Käufer sollte seinen Welpen ebenfalls, am besten mit Futter, auf seinen Namen prägen. Die Konditionierung auf den Lockruf oder den Namen hat den Vorteil, dass der neue Besitzer den Welpen schon ab dem ersten Tag nach der Übernahme zu sich rufen kann.

Anschaffungen für den Elo
Geeignetes Spielzeug ist nicht nur als Beschäftigung ganz wichtig, sondern auch, um den Hund so von Beschädigungen der Wohnungs-einrichtung abzuhalten.
Beginnen wir mit ungeeignetem Spielzeug. Hier wären insbesondere Plastiksachen, wie z.B. Tüten zu erwähnen, die leicht zerstört werden können. Ebenso zählt dazu Kinderspielzeug wie Kuscheltiere, bei denen der Welpe die Augen rausreißen und evtl. verschlucken kann. Außer-dem sind Kabel nicht als Spielzeug geeignet und kleines Kinder-spielzeug. Diese erwähnten Gegenstände können dem Welpen große Probleme durch Verschlucken bereiten, unter Umständen sogar zum Tod führen. Deshalb sollte nur geeignetes Spielzeug, wie Bälle in der Größe eines Tennisballes, Kordelknochen aus geflochtener Baumwolle oder auch mit einem Knoten versehene Wollstrümpfe als Spielzeug angeboten werden.
Welpen lieben die Abwechslung. Deshalb ist von Zeit zu Zeit mal etwas Neues, wie ungiftige Äste vom Obst- oder Birkenbaum, anzubieten. Diese bieten eine gute Beschäftigung, insbesondere für den Garten. Zerkleinerte Äste lassen sich von Fliesen besser entfernen als von einem Teppich.

Näpfe für Futter und Wasser aus Edelstahl sind fast unbegrenzt halt-bar, leicht zu säubern und vor allem geschmacksneutral. Hierbei sollte man die etwas teurere Anschaffung in Kauf nehmen. Sie benötigen einen ca. 2 Liter Napf für Wasser und einen ca. 1 Liter Napf für Futter.
Anmerkung: Bieten sie auf keinen Fall Porzellan oder Keramik Schalen als Napfersatz an, wie es neuerdings in Mode gekommen ist, da diese zerbrechlich sind und Welpen auf die Idee kommen könnten, damit zu spielen. Dabei könnte die Porzellanschale zerbrechen und splittern, so dass beim Spielen Splitter aufgenommen werden könnten. Dies könnte dann im ungünstigsten Falle tödlich enden. Deshalb sollte der Welpen-Käufer bei den Metallnäpfen bleiben, die weder ein Welpe noch ein ausgewachsener Hund zerstören kann.

Leinen und Halsbänder bietet der Fachhandel in großer Auswahl an, von der Leine aus Leder bis zu der aus Kunststoffen geflochtenen Leine. Um den Welpen an die Leine zu gewöhnen, sollte sie eine Länge von ca. 2 m haben und aus einem leichten Material, wie z.B. Nylon, bestehen. Beim Halsband ist eine verstellbare Größe wichtig. Hier empfehlen wir, das Halsband entsprechend der Größe des Welpen anzupassen. Da der Welpen-Käufer diesbezüglich noch keine Erfahrung hat und oft mit ungeeigneten Halsbändern vorbeikommt, besteht bei uns als Züchter auch die Möglichkeit, ein Halsband sowie eine leichte Leine zu erhalten. Nach den neusten Untersuchungen ist man zu dem Ergebnis gekommen, dass Halsbänder besser währen als Geschirre, da Geschirre, insbesondere bei ungünstiger Einstellung, an bestimmten Körperstellen, an denen der Hund keinen Druck verträgt, Druck ausüben können und beim Hund so Schmerzen erzeugen können. Deshalb empfehlen wir für den Junghund und später für den erwachsenen Hund ein breites Halsband. In der Regel wird dies aus Leder hergestellt, es kann aber auch aus anderem Material sein. Für den Transport empfehlen wir eine Transportbox. Sofern dies nicht umsetzbar ist, ist man verpflichtet, dem Hund ein Geschirr umzulegen und ihn im Auto zu befestigen.

Da nicht alle Welpen einen Hundekorb annehmen, reicht zunächst auch eine **Schlafdecke**. Benutzt der Welpe meist den gleichen Schlafplatz, empfiehlt es sich, einen Hundekorb anzuschaffen, in den die Decke hineingelegt wird.

Vor aufdringlichen Kindern bietet eine Holzkiste mit einem kleinen Einschlupf Loch eine gute Rückzugmöglichkeit für den gestressten Welpen.

Pflegeutensilien wie Kamm, Bürste und Schere sind für die Fellpflege wichtig. Mit der Fellpflege sollten Sie schon im Welpenalter beginnen, damit sich der Welpe langsam daran gewöhnt. Später ist eine wöchentliche Fellpflege ausreichend. Beim Fellwechsel im Frühjahr sollte das Fell öfter gebürstet bzw. gekämmt werden, am besten täglich. Bei den rauhaarigen Elo sollte man, falls erforderlich, die Haare zwischen den Zehen wegschneiden, um so ein Verfilzen und Wegrutschen zu verhindern. Sollten die Haare bei ihrem rauhaarigen Elo über die Augen wachsen, müssen Sie unbedingt die Augen freischneiden, damit er freie Sicht hat. Falls das Haar hinter den Ohren verfilzt, sollte es ebenfalls weggeschnitten werden. Bei einigen rauhaarigen Elo, meist bei sehr lang behaarten, kann es durchaus sein, dass auch Haare im Gehörgang wachsen. Diese sollten dann auch entfernt werden, und die Ohren sollten auch regelmäßig kontrolliert werden.

Baden

Baden ist normalerweise nicht nötig und sollte falls notwendig erst ab einem Jahr beim Hund durchgeführt werden. Gelegentlich kann es jedoch vorkommen, dass sich der Hund in Aas - oder was noch unangenehmer sein kann - in Kot gewälzt hat, sodass Baden notwendig wird. Sie sollten keine Seifen oder Shampoo verwenden, die für Menschen gedacht sind, sondern Hundeshampoo, das eine gute Rückfettung hat. Sonst kann das Fell aufgrund des veränderten PH-Wertes seine Schutzfunktion verlieren, da es keine Schutzschicht (z.B. ggf. Pilzbefall) mehr hat.

4.5.1 Allein lassen - allein bleiben

Der gut veranlagte Elo kann nach der Eingewöhnung (was in der Regel nach ca. 14 Tagen der Fall ist) auch für kurze Zeit allein bleiben, ohne dass er vor Einsamkeit zu kläffen beginnt. Am besten beginnt man für wenige Wochen mit ca. einer ¼ Stunde. Bei einigen Hunden kann es möglicherweise auch ein bis drei Monate dauern, bis sie sich daran gewöhnt haben. Das Alleinbleiben kann wesentlich erleichtert werden, wenn man dem Welpen vor dem Weggehen etwas zur Beschäftigung anbietet, wie z.B. ein getrocknetes Kaninchen- oder Rinderohr, oder einen Kalbsknochen und/oder das Radio anschaltet. Das Beknabbern eines rohen Kalbsknochens dient auch gleichzeitig zur Pflege der Zähne. Mit etwa einem halben Jahr, werden die meisten Elo auch ca. einen halben Tag problemlos allein bleiben. In der Regel wird der Hund dann auch nicht die Wohnungseinrichtung beschädigen. Trotzdem ist dies nicht auszuschließen. Deshalb sollte man ihm nur Räume zuweisen, in denen alle evtl. freiliegenden Kabel gesichert sind und er keine Wertsachen zerstören kann. Das Alleinbleiben ist übrigens von der Wesensveranlagung abhängig. Sehr arbeitsfreudige oder wesensschwache Hunde werden mehr Probleme bereiten als robuste wesensfeste Tiere. Das Alleinbleiben ist neben einer gewissen Gewöhnung somit auch angezüchtet und außerdem ein wichtiges Prüfungsmerkmal der Wesensbeurteilung. Wenn der Hund täglich länger allein bleiben muss, können Sie ihm mit einem Spielzeug oder Knochen etwas Beschäftigung bieten. Einen Knochen sollte der Hund aber auch sonst hin und wieder bekommen, sonst verknüpft er dies mit dem Alleinbleiben. Wenn Sie gehen, bekommt er einen Knochen! Das Alleinlassen sollte schon früh trainiert werden. Mit der Zeit können Sie den Aufwand vor dem Alleinlassen reduzieren. Der Hund wird verinnerlichen, dass Sie auf jeden Fall wiederkommen. Ihr Hund sollte es möglichst leicht haben, geduldig auf Ihre Rückkehr zu warten. Ein hungriger Hund oder einer, der dringend raus muss, ist natürlich ungeduldiger als ein müder satter Hund.

4.6   Ernährung des Elo

Bis zum Alter von ca. 6 Monaten werden die Welpen bei uns dreimal täglich gefüttert. Über die Fütterung gibt es unterschiedliche Empfehlungen, die teilweise sehr einseitig sind. Wie die gezielte Zuchtauswahl nach bestimmten Wesensmerkmalen dem Welpen-Käufer vieles erleichtert, kann der Züchter dem neuen Hundebesitzer auch mit der Gewöhnung an vielseitige Fütterungsmethoden die spätere Ernährung erleichtern.

Bei einer sehr einseitigen Fütterung, z.B. nur Pansen (es soll tatsächlich Züchter geben, die ihre Hunde sehr einseitig mit Pansen ernähren) oder nur mit Fertigfutter oder rohem Fleisch oder Selbstgekochtem, wird die spätere Umstellung auf ein anderes Futter teilweise Probleme bereiten. Deshalb empfehlen wir allen Elo-Züchtern, eine möglichst abwechslungsreiche Ernährung ihrer Welpen: Als Grundfutter ein Fertigtrockenfutter, daneben gibt es bei uns Selbstzubereitetes wie gekochten Reis, dazu als Anfangsfutter gewolftes Rinderherz, später auch gewolften Blättermagen, ab 10 Wochen dazu auch etwas kleingeschnittenen Pansen, gekochte Kartoffeln, Linsen, Buchweizenschrot und dazu rohes, gemixtes Gemüse (Karotten) und Obst (Äpfel, Birnen, zerdrückte Bananen, usw.) und kaltgepresste Öle, evtl. Dorschlebertran, weil dieser viele Vitamine enthält, sowie von Zeit zu Zeit auch weichgekochte Eier. Was Knoblauch anbetrifft, sollte man diesen nur in geringen Mengen geben, da größere Mengen giftig sein sollen. Man sollte keine Zwiebel verfüttern. Von Zeit zu Zeit gibt es Leber vom Hähnchen oder auch vom Rind, die sehr vitaminreich ist, jedoch im rohen Zustand nur in kleinen Mengen vertragen wird, sonst verursacht sie Durchfall. In gekochtem Zustand wirkt sie stopfend.

Wir achten darauf, dass das selbst zubereitete Futter zu über 60% aus Fleisch besteht. Kleingeschnittene Hühnerhälse können an ältere Welpen bedenkenlos roh verfüttert werden. Zu dem Fleisch kommt etwa 40% pflanzliche Nahrung, wie oben bereits beschrieben, davon ca. 10 % Gemüse und Obst. Bei der Verfütterung von rohen Knochen, wie z.B. Hühnerhälsen (1-3 Hälse je nach Größe des Elo), sollte man darauf

achten, dass nur kleine Mengen verfüttert werden. Bei zu viel Knochen-
fütterung kann es zu Verstopfungen kommen, außerdem wird der Kot
sehr hart. Zusätzlich wird dem Futter noch eine handelsübliche Kräuter-
mischung beigefügt. Bei Diätfutter oder zur Behandlung von Durchfällen
verwenden wir zerdrückte Pellkartoffeln, die etwa zur Hälfte mit Hüttenkäse zu einem Brei vermischt werden. Dazu kommt noch Entricon, das
überwiegend aus Kohle und Tonmehl besteht.

Die erwachsenen Elo bekommen bei uns auch regelmäßig rohen Pansen
und Blättermagen vom Rind mit Inhalt. Wir bemühen uns um eine abwechslungsreiche Ernährung der Welpen sowie auch der ausgewachsenen Hunde und achten darauf, dass die Welpen ausreichend mit
Mineralstoffen, Vitaminen und Spurenelementen versorgt werden, um
Krankheiten vorzubeugen.

Es ist inzwischen bekannt, dass Welpen auf bestimmte Futtersorten
geprägt werden können und dann - im Alter von ca. 9 Wochen beim Einzug ins neue Zuhause - nur noch das fressen möchten, was sie bisher
bekamen. Um dort eventuellen Futterumstellungsproblemen entgegenzuwirken, sollten sie durch den Züchter an ein vielseitiges Futter gewöhnt
werden. Wir haben beim Testen verschiedener Futtersorten die Erfahrung gemacht, dass die Welpen bei plötzlicher Umstellung bei bestimmten Produkten mit Durchfall reagieren. Das hat zur Folge, dass die
Welpen, besonders nachts, nicht „stubenrein" werden, während Welpen
mit normaler Darmfunktion problemlos die Nacht über durchhalten. Die
Welpen bekommen bei uns ca. ab dem 21. Lebenstag dreimal täglich
Futter, je nach Wurfgröße und wie viel Milch das Muttertier hat. Bei
großen Würfen beginnen wir ab dem 18. Lebenstag zusätzliches Dosenfutter, verdünnt mit heißem Wasser, anzubieten, da die Welpen anfangs
oft nur flüssige Nahrung aufnehmen. Bei kleinen Würfen wird ab dem 23.
Lebenstag feste Nahrung in breiiger Form angeboten. Die Welpen
können durchaus bis zum 28. Lebenstag überwiegend von Muttermilch
ernährt werden, so dass sie, abgesehen von Flüssigkeit, kaum zusätzliche Nahrung nehmen. Anfangs wird der Brei sehr dünnflüssig gemacht,
wobei dann nur die Flüssigkeit aufgenommen wird. Wenn die Welpen
etwas älter sind, ab der 6. Lebenswoche, mischen wir zu dem Dosenfutter nach und nach etwas mehr Fertigtrockenfutter dazu, damit die
Welpen sich auch noch vor der Abgabe an Trockenfutter gewöhnen. Es
ist ganz wichtig, besonders beim Junghund, für eine artgerechte, ausgewogene und ausreichende Nahrung zu sorgen. Mangelhafte oder falsche
Ernährung zieht zwangsläufig Gesundheitsstörungen nach sich.

Bei selbst zubereitetem Futter sollte unbedingt auf ausgewogene Zusammenstellung geachtet werden. Da dies recht schwierig ist, verwenden wir auch Fertigfutter und geben dies auch über einen Futterplan so an die Welpen Käufer weiter.

Milchprodukte: Von den Milchprodukten wird in der Regel Vollmilch wegen des Milchzuckers nicht vertragen (Durchfall). Alle Milchprodukte in gesäuerter Form, wie Buttermilch oder Hüttenkäse, Kefir, Joghurt und Quark, werden jedoch gut vertragen. Ab etwa dem sechsten Monat wird nur noch zweimal täglich gefüttert und ab einem Jahr bekommen die Hunde morgens eine Kleinigkeit wie Markus Mühle und am Nachmittag, nachdem sie Auslauf hatten, die Hauptmahlzeit. Da wir fast immer Junghunde haben, die täglich zwei Mahlzeiten bekommen, verzichten wir auf einen Fastentag. Somit werden alle Hunde in etwa gleichzeitig gefüttert.

Beobachtungen zu selbstzubereitetem Futter bei der Aufzucht von Welpen: seit ca. zwei Jahren konnten wir feststellen, dass die Welpen, im Gegensatz zu früher, keinen Durchfall mehr hatten.

Wichtig! Achten Sie bei der Fütterung darauf, dass Ihr Hund sein normales Gewicht behält. Das heißt, weder zu viel noch zu wenig, sondern so, dass man die Rippen noch einigermaßen gut fühlen kann.

Es ist schwierig, genaue oder allgemeine Futtermengen sowie Gewichte anzugeben, weil der eine Hund sich wesentlich mehr bewegt als der andere. Hunde, die die meiste Zeit verschlafen, benötigen somit auch weniger Futter. Während der eine Hunde-Typ etwas zierlicher gebaut ist, ist der andere wiederum von kräftiger Statur und wiegt dementsprechend mehr, ohne Übergewicht zu haben. Aufgrund des schnellen Wachstums der Welpen, müssen die Futtermengen ständig erhöht werden. Der Elo nimmt in der Regel nicht mehr Futter zu sich, als er benötigt, im Gegensatz zu einigen anderen Rassen, bei denen das Sättigungsgefühl zum Teil verloren gegangen ist. Diese können große Mengen Futter aufnehmen und erbrechen es dann wieder. Das heißt, die Elo-Hunde können in der Regel satt gefüttert werden. Dies ist jedoch nicht bei allen Elo so. Insbesondere bei sehr schmackhaftem Futter, nehmen einige auch mehr zu sich, als sie benötigen. In diesem Fall sollte man die richtige Menge anbieten. Als Anhaltspunkt dienen die Angaben der Hersteller. Bei zu fetten Hunden sollte ein energiearmes Futter in kleinen Mengen gefüttert werden. Es sollte jedoch keine plötzliche Umstellung auf eine andere Futtersorte erfolgen. Falls eine Futterumstellung gewünscht ist, sollte dies allmählich erfolgen. Das heißt: über mehrere Tage mischt man das neue Futter dazu und beobachtet, ob dieses Futter gut genommen und auch gut vertragen wird. Wenn ja, kann man die Umstellung vornehmen. Der Fressplatz sollte sich an einem ruhigen Platz befinden und das Futter bei Zimmertemperatur gefüttert werden. Frisches Futter ist immer in solchen Mengen anzubieten, die bei der Mahlzeit vollständig verzehrt werden. Der ständig gefüllte Futternapf nimmt dem Hund die Freude am Fressen, außerdem verdirbt Frischfutter beim langen Herumstehen.

Frisches Trinkwasser sollte im Gegensatz zum Futter ständig angeboten werden. Zur Fütterung ist noch zu bemerken, dass Familienhunde in der Regel nicht so hohen körperlichen Anforderungen unterworfen sind, wie Hütehunde oder Schlittenhunde. Ihre Ansprüche an das Futter sind daher, sowohl was die Menge als auch die Zusammensetzung anbetrifft, deutlich geringer. In Deutschland ist bei Hunden wie bei Menschen nicht die Mangel- oder Unterernährung, sondern die Überernährung das größere Problem. Was die Zusammensetzung des Futters anbetrifft, wird gleichbleibende Qualität empfohlen. Bisher hatten wir mit einer wechselnden Zusammensetzung keine Probleme bei Hunden. Etwas anpassungsfähig soll der Hund auch sein. In der Natur gibt es für den Wolf auch nicht alle Tage Hammelfleisch.

Diätfutter bei Durchfall

Zunächst einmal sollte man bei Welpen ein bis zwei Mahlzeiten weglassen und danach mit Diätfutter beginnen. Es besteht je zur Hälfte aus zerdrückten Pellkartoffeln, durchmischt mit Hüttenkäse. Ebenfalls kann Reis gemischt mit Hüttenkäse verwendet werden. Dazu wird etwas Entoreconpulver gegeben. Es enthält medizinische Kohle, weißen Ton, Eichenrindenpulver und Siliciumdioxid Hydrat. Das Entoreconpulver erhalten Sie beim Tierarzt. Inzwischen gibt es auch Dosenfutter, das als Diätfutter bei Durchfall empfohlen wird. Wir haben jedenfalls gute Erfahrung mit dem beschriebenen Diätfutter gemacht.

Infektionsgefahr durch Schweinefleisch

Schweinefleisch sollte wegen der Gefahr einer Virusinfektion (Aujeszkysche Krankheit) nicht roh gefüttert werden, da diese Krankheit bei Hunden tödlich verlaufen kann. Sofern Schweineprodukte verwendet werden, müssen diese zuvor gründlich erhitzt werden, damit alle Erreger abgetötet sind.

106

Füttern von Knochen

Bei der Fütterung von gekochten Suppenhühnern, sollten die Knochen wegen der Gefahr von Splittern, die in die Verdauungsorgane eindringen können, unbedingt entfernt werden.

Demgegenüber können rohe Hähnchenhälse in kleineren Mengen bedenkenlos auch an Welpen verfüttert werden, damit diese auch etwas zum Kauen haben und ausreichend mit Kalzium versorgt werden. Die Knochen fördern mit ihren mineralischen Bestandteilen die Entwicklung eines stabilen Skeletts bei heranwachsenden Tieren. Inzwischen haben wir die Fütterung überwiegend auf Rohfütterung umgestellt und haben mit dem Verfüttern von Hähnchenfleisch gute Erfahrungen gemacht, besonders mit rohen Hühnerhälsen. Rohe Kalbsknochen sind, weil sie nicht splittern, zur Beschäftigung bestens geeignet. Sie sind sehr gut für die Zähne und die Kalkversorgung des Hundes. Im frühen Welpenalter werden Hähnchenhälse mit einem großen Hammer kleingehauen.

4.7   Auslauf für den ausgewachsenen Elo

Nach unseren jahrelangen Beobachtungen ist als Minimum an Auslauf bei den erwachsenen Hunden morgens und mittags je ca. 30 Minuten und abends vor dem Füttern ein einstündiger Spaziergang ausreichend, wobei der Elo die meiste Zeit Freilauf haben sollte. Die meisten Junghunde und ausgewachsenen Elo haben kein Problem, über Nacht 10 Stunden zu schlafen, ohne sich zu entleeren. Kurz vor dem Schlafengehen sollte der Hund noch einmal kurz zum Entleeren der Blase und des Darmes herausgelassen werden. Falls mehr Zeit vorhanden ist, freut sich der Elo auch über ausgedehnte Spaziergänge und am Wochenende auch über eine Tageswanderung, ohne dass es ihm zu viel wäre. Dazu ist anzumerken, dass sehr alte oder kurz vor der Geburt stehende Hunde durchaus auch mit etwas weniger Auslauf glücklich sind. In Notfällen, z.B. bei Krankheit des Besitzers oder wenn es in Strömen regnet, leidet der Elo auch nicht, wenn in Ausnahmefällen sein abendlicher Auslauf verkürzt wird. Dies haben unsere umfangreichen Beobachtungen immer wieder bestätigt.

Auslauf für den Welpen

Unser Küchenfenster befindet sich nur einige Meter vom Welpenauslauf entfernt, sodass wir täglich seit vielen Jahren das Verhalten der Welpen beobachten können. Welpen ab ca. 7 Wochen spielen morgens ca. eine halbe Stunde sehr intensiv, wobei sie viel laufen und toben. Danach folgt

eine Ruhephase von bis zu mehreren Stunden. Die späteren Spielphasen sind etwas kürzer. Ab der 9. Woche lassen wir die Welpen über
den ganzen hundesicher umzäunten Hof laufen, wo sie ebenfalls oft bis
zu einer halben Stunde, manchmal auch länger, laufen, spielen und
toben. Leider musste man in den letzten 20 Jahren immer wieder die Empfehlung lesen, dass ein Welpe pro Lebenswoche nur eine Minute
Auslauf haben sollte. Das bedeutet, ein acht Wochen alter Welpe sollte
demnach nur 8 Minuten Auslauf haben. Leider wird hier nicht beschrieben, was man damit genau meint. Wenn es um die Übung betreffs der
Leinenführigkeit geht, wäre das durchaus in Ordnung, solange er zusätzlich Auslauf z.B. im Garten hat. Wenn ein Welpe jedoch den Tag in
der Wohnung verbringt, wäre dies nach den bisherigen Beobachtungen
viel zu wenig. Insofern ist meine Empfehlung, dem Elo Welpen, je nach
Veranlagung, mehrmals täglich 20-30 Minuten Auslauf anzubieten. Jedoch sollte man ihn genau beobachten und, wenn er keine Lust mehr hat,
eine Ruhephase mit einplanen.

4.8   Krankheitsvorbeugung: Wurmkuren und Impfungen

- Die Welpen werden bis zum Alter von acht Wochen drei bis viermal
  entwurmt. Da die Würmer nicht täglich Nahrung aufnehmen, verabreichen wir bei der letzten Entwurmung Panacur. Hier ist vom
  Hersteller eine Entwurmung an drei aufeinanderfolgenden Tagen
  empfehlenswert.
- Zurzeit ist noch nicht bekannt, ob Würmer resistent gegen ein
  Wurmmittel werden können und man deshalb das Wurmmittel
  wechseln sollte. Wir haben gute Erfahrungen mit Banminth im
  Wechsel mit Panacur gemacht.
- Die Wurmkur sollte im Alter von drei Monaten (vor der Nachimpfung)
  wiederholt werden. Später, je nachdem ob z.B. Kontakt zu Kleinkindern besteht, sollte man von Zeit zu Zeit (ca. zwei- bis viermal
  jährlich) die Wurmkur durchführen bzw. den Kot zwecks Untersuchung in ein Labor einschicken. Einige Tierärzte führen diese
  Untersuchung ebenfalls durch.
- **Wir impfen die Welpen zum ersten Mal, sofern eine Infektionsgefahr besteht, mit 6 Wochen gegen Parvovirose. In der Regel
  werden die Welpen jedoch erst im Alter von ca. 8 Wochen gegen
  Staupe, Infekt. Leberentzündung (Hcc), Leptospirose, Parvovirose und Zwingerhusten (SHPPi) geimpft.**

Wichtig! Diese Impfung muss im Alter von 12 und 16 Wochen wiederholt werden. Mit 16 Wochen sollten die Hunde auch gegen Tollwut geimpft werden. Nur dann ist das Immunsystem in der Lage, einen vollen Impfschutz aufzubauen!

Gelegentlich soll es vorkommen, dass bei der ersten Impfung im Alter von 8 Wochen der Impfstoff durch die Muttermilch neutralisiert wird und der Welpe keinen ausreichenden Impfschutz aufbaut. Um ganz sicher zu gehen, wird empfohlen, den Welpen in gefährdeten Gebieten mit 2, 3 und 4 Monaten zu impfen. Eine andere Möglichkeit, um festzustellen, ob ein Impfschutz vorhanden ist, wäre eine Titer-Bestimmung durch eine Blutentnahme. Ihr Tierarzt wird Sie dabei beraten. Sollte die Gefahr bestehen, dass eine Krankheit ausbricht, weil in der näheren Umgebung bereits Welpen erkrankt sind, kann man bereits mit 6 Wochen einen Impfschutz prophylaktisch vom Tierarzt verabreichen lassen. Danach sollte jährlich eine Wiederholung erfolgen. Falls man zur Hundeausstellung gehen möchte oder ins Ausland fährt, sollte man darauf achten, dass der Hund eine gültige Tollwutimpfung hat. Inzwischen gibt es auch Tollwutimpfstoffe, die nicht nur ein Jahr, sondern bis 3 Jahre Gültigkeit haben. Tollwutimpfstoffe, die eine längere Gültigkeit als 1 Jahr haben, müssen im Impfpass vermerkt sein. Bei Ektoparasitenbefall, der besonders im Sommer als Flohplage in Erscheinung tritt, empfehlen sich auf die Haut aufzutragende Mittel (Anwendungsvorschriften beachten). Bitte achten Sie unbedingt auf gelblichen Ausfluss aus Penis oder Scheide Ihres Hundes. Bei Welpen sowie bei ausgewachsenen Hunden kann es gelegentlich zu Infektionen kommen. Sollten Sie diese Anzeichen bemerken, gehen Sie bitte unbedingt zum Tierarzt.

Kennzeichnung der Welpen

Gleichzeitig mit der Impfung im Alter von 8 Wochen wird bei allen Welpen die Kennzeichnung durch einen Mikrochip vorgenommen, dieses ist seit dem 01.01.1997 in der EZFG vorgeschrieben.

Welpe von Luna x Zoran

109

4.9   Hinweise zur Elo-Zucht
4.9.1   Allgemeine Hinweise

In den letzten Jahren haben zahlreiche Elo-Besitzer ihr Interesse an der Elo-Zucht bekundet. Wir hoffen, dass der Bedarf gedeckt werden kann. Jeder, der an der Elo-Zucht interessiert ist, sollte die Bereitschaft mitbringen, sie im Sinne der Begründer der Rasse und der Zuchtordnung der EZFG e.V. fortzuführen. Das betrifft, die Zucht auf Wesensmerkmale, Erbgesundheit und ein ansprechendes äußeres Erscheinungsbild, also ein Elo typisches Aussehen.

Deshalb hier ein wichtiger Hinweis. Das Kennzeichen „Elo$^®$", das auch gleichzeitig der Rassename ist, ist beim Deutschen Patent- und Markenamt für uns, die Begründer des Elo, Heinz und Marita Szobries, als Wortmarke geschützt und zwar für „lebende Tiere nämlich Hunde; Haltung und Züchtung von Hunden, insbesondere Welpen und Zuchttieren". Die Eintragung ist erfolgt unter Nr. 2 026 230.
Nach §14 des Markenschutzgesetzes steht uns das ausschließliche Recht an dieser Marke zu. Dritten ist es untersagt, ohne unsere Zustimmung die Marke im geschäftlichen Verkehr zu verwenden. Das gilt auch für eine Verkaufsanzeige und es gilt sogar für Verkaufsgespräche. Nachdem die Elo-Zucht sich allmählich auch auf einige Nachbarländer ausdehnte, haben wir den Markenschutz EU-weit einschließlich der Schweiz erweitert. Nur so können wir und die EZFG e.V. in Zukunft erreichen, dass der Elo auch in anderen Ländern, in denen es Elo-Zuchtstätten gibt, nach gleichen Kriterien wie bei uns in Deutschland gezüchtet wird.

Der Schutz eines Rassenamens dürfte sicherlich weltweit etwas Einmaliges sein und bietet ideale Voraussetzungen dafür, dass aufgrund des Schutzes des Rassenamens „Elo$^®$" Schwarzzüchter, Massenzüchter o.ä. von der Zucht ferngehalten werden können. Außerdem können wir, die Zuchtleitung, so verhindern, dass mit ungeeigneten Hunden gezüchtet wird. Vor allem ist gewährleistet, dass man unfähige Züchter oder solche, die die Zuchtordnung nicht beachten, von der Elo-Zucht fernhalten kann. Jeder, der Elo züchten möchte, muss zuvor ein Züchter-Grundseminar besuchen, damit er auch das notwendige Fachwissen nachweisen kann. Leider gibt es immer wieder Elo-Besitzer, die ihre Hunde ohne die vorherige Überprüfung auf Wesen, Erbgesundheit sowie rassetypisches Aussehen und ohne eine Genehmigung durch die Zuchtleitung verpaaren und später versuchen, diese Welpen als Elo zu verkaufen. Diese schädigen dadurch den Ruf der Elo-Zucht, vor allem, wenn es sich um für die Zucht völlig ungeeignete Tiere handelt.

Wie erwähnt, handelt es sich beim Elo um eine noch junge Rasse, bei der gelegentlich Nachkommen mit unerwünschten Eigenschaften bzw. Erkrankungen auftreten können. Nur eine strenge, sachkundige Zuchtauswahl ermöglicht den angestrebten züchterischen Fortschritt.

Aufgrund des Markenschutzes konnte bisher verhindert werden, dass Schwarzzüchter der Rasse größeren Schaden zufügen konnten. Wir empfehlen deshalb jedem Welpen-Käufer, sich vor der Übernahme eines Welpen davon zu überzeugen, dass der Elo-Welpe eine Ahnentafel der EZFG e.V., unserem Zuchtverband, hat und somit ein Elo® - ein Elo mit Warenzeichen - ist. Informationen zur EZFG e.V. finden Sie am Ende des Buches.

An dieser Stelle haben wir eine Bitte an alle Elo-Freunde:

MELDEN SIE UNS SCHWARZZÜCHTER, die Elo außerhalb der EZFG vermehren. Leider haben sich in den letzten 10 Jahren immer wieder Einzelpersonen oder kleinere Gruppen von der EZFG getrennt, um danach den Elo unter einem anderen Namen, den sie ebenfalls haben markenrechtlich schützen lassen, zu züchten, was wir mit großem Bedauern zur Kenntnis nehmen mussten.

Damit der Elo auch in den nächsten Jahrzehnten noch in unserem Sinne und nach den in der Zuchtordnung festgelegten Vorgaben weitergezüchtet wird (auch wenn wir, die Begründer der Rasse, aus Altersgründen die Zucht nicht mehr leiten und überwachen können), haben wir mit der EZFG e.V. einen Vertrag abgeschlossen, in dem sie sich verpflichtet hat, die Elo-Zucht in unserem Sinne weiterzuführen. Auch diese Vereinbarung dürfte etwas Einmaliges in der Hundezucht sein.

4.9.2   Die Läufigkeit und Verpaarung der Zuchthündin

Läufigkeit: Eine Hündin wird frühestens mit fünf, meistens jedoch zwischen dem sechsten und achten Monat „läufig". Dieser Zustand macht sich durch Blutung aus der Scheide bemerkbar und dauert ca. 14 bis 18 Tage an. In dieser Zeit sollte sie von Rüden ferngehalten werden, damit es zu keiner unplanmäßigen Verpaarung kommt. Hündinnen sind in der Regel ca. vom 9. bis 14. Tag deckbereit, andere auch nur vom 12. bis 16. Tag. In Ausnahmefällen kann es auch der 18. oder 20. Tag oder auch schon ab dem 8. Tag sein.

Ist die Hündin zur Zucht zugelassen, die Zuchtstätte überprüft und eine Verpaarung geplant, sollte man ab ca. dem 8. Tag schauen, ob sich die Hündin einem Rüden anbietet. Wenn dies der Fall ist, sollte man am nächsten Tag zum ausgewählten Rüden fahren. Ist dieser Rüde jedoch weit entfernt und der Züchter möchte mit einer einmaligen Verpaarung eine erfolgreiche Befruchtung erreichen, kann dieser sich den optimalen Decktermin von einem erfahrenen Tierarzt durch Blutuntersuchung sowie einen Scheidenabstrich bestimmen lassen. Gelegentlich kommt es vor, dass Hündinnen sich auch schon früher decken lassen.

Verpaarung: Die Auswahl des geeigneten Rüden obliegt der Zuchtleitung. Sie schlägt dem/der Züchter/-in die infrage kommenden Rüden entsprechend unseres Zuchtprogramms (genannt Dogbase) vor.
Dogbase ist ein speziell für die Elo-Zucht entwickeltes Zuchtprogramm, das nach den Vorgaben unserer Zucht- und Körordnung aufgebaut wurde und von Zeit zu Zeit erweitert und gewartet wird. Es enthält über alle Zuchthunde und deren Vorfahren diverse Listen und Fotos, sowie eine Kennzeichnung aller bei den Vorfahren aufgetretenen Erkrankungen. Das Zuchtprogramm berechnet den Inzucht- sowie den Ahnenverlustkoeffizienten und errechnet die am besten geeigneten Rüden, die der Hündin zur Verpaarung zur Verfügung stehen.

Die meisten Hündinnen können vom 10. bis 14. Tag erfolgreich verpaart werden. Bei einer erfolgreichen Verpaarung kommt es zum sogenannten „Hängen", das heißt, Rüde und Hündin sind durch den Penis des Rüden für ca. 10 bis 15 min. fest miteinander verbunden. Danach trennen sie sich wieder. Die Hunde dürfen dann auf keinen Fall durch Menschen getrennt werden, dieses könnte zu ernsthaften Verletzungen führen. Deshalb muss ganz in Ruhe abgewartet werden, bis die Hunde sich von ganz allein wieder trennen. Gelegentlich sind einige Hündinnen, manchmal auch Rüden, während des Hängens unruhig. Dann sollten sie vorübergehend festgehalten werden. Ebenfalls müssen Hündinnen oder Rüden, wenn sie beim Hängen umfallen, was sehr selten vorkommt, vorsichtig aufgehoben werden.

4.9.3   Die Prägung der Welpen
Der Welpe fängt in der Übergangsphase in der 2.- 4. Lebenswoche an, seine Umwelt wahrzunehmen. In der Prägungsphase, ab der 3. Woche, kann der Welpe besonders gefördert werden. Der Erkundungsdrang ist dann besonders ausgeprägt, der Welpe will alles kennenlernen. Was er jetzt erlernt und kennenlernt, manifestiert sich für sein späteres Leben. Wir beginnen mit der Prägung des Welpen ab dem 18. Lebenstag. Wir gehen so vor, dass wir mit dem Welpen zunächst Kontakt durch Hand hinhalten aufnehmen. Kurze Zeit später beginnen die meisten Welpen, die Hand zu beschnuppern und anschließend, sie abzulecken. Danach erfolgt die Kontaktaufnahme durch das Streicheln im Maulbereich, um so das Vertrauen weiter zu festigen. Im Laufe der Prägung empfehlen wir, dass die Welpen nicht nur eine, sondern möglichst unterschiedliche Personen (Mann, Frau, Kind) kennenlernen sollten. Die Welpen sollen auch an ganz unterschiedliche Geräusche wie Fernseher, Radio und Staubsauger gewöhnt werden. Wenn der Aufenthaltsraum der Welpen weit ab von einer Straße liegt, ist es von Vorteil, wenn die Welpen auch die Geräusche von Autos kennenlernen. Es ist ebenso vorteilhaft, wenn mit dem Welpen vor der Abgabe an die neuen Halter kurze Strecken mit dem Auto gefahren werden. Elo-Welpen spielen im Allgemeinen sehr sanft. So wird es wahrscheinlich meistens nicht notwendig sein, ihnen das Zwicken abzugewöhnen. Sofern keine Kinder im Haus sind, sollte der Züchter dafür sorgen, dass Kinder (aus der Nachbarschaft) gelegentlich mit den Welpen spielen.

Zur Prägung der Welpen ist es auch zu empfehlen, andere friedliche Artgenossen mit einzubeziehen, was bei einem Elo-Züchter, der mehrere Hunde hat, kein Problem sein sollte. Ebenso sollten die Welpen auch andere alltägliche Dinge, wie z.B. das Aufspannen eines Regenschirms und Gartengeräte wie Besen und Karre, früh kennenlernen. Mit abwechslungsreichen Spielsachen und -geräten kann der Welpe gezielt auf sein künftiges Leben vorbereitet werden. Die Koordination sollte ebenso gefördert werden wie auch Sozialkontakte mit fremden Menschen und Tierarten, denn dies ist für den Welpen von Vorteil. Eine Voraussetzung für eine optimale Aufzucht ist auch, wenn die Welpen ab der 5. Lebenswoche die Möglichkeit haben, von der „Welpenstube" bzw. dem Wurfraum möglichst selbständig einen angrenzenden Auslauf aufzusuchen. Wir haben dabei beobachtet, dass die Welpen sich zunächst nur in der Nähe des Ausganges aufhalten, um dann im Laufe der nächsten Tage den gesamten Auslauf zu erkunden. So erfahren sie dann auch die notwendige Prägung.

Außenprägung:

Bei der reinen Hausaufzucht fehlen dem Welpen wichtige Erlebnisse, die nur in einem Auslauf möglich sind, wie bspw. Witterungseinflüsse, Wind, Sonne, Regen, umherfliegende Vögel und einiges mehr. Deshalb dürfen EZFG-Züchter ihre Welpen auch nicht in einer Etagenwohnung auf-ziehen. Die Welpen könnten sich so möglicherweise bis zur Abgabe niemals im Freien aufhalten. Bei der optimalen Prägung seiner Welpen sollte man auch daran denken, dass die Welpen durch unterschiedliche Gerüche und Untergründe, wie bspw. Sand, Gras, Fliesen, Heu, Säge-mehl und einiges mehr, vielfältige Erfahrungen sammeln sollen. In dem Zusammenhang soll auch der Wolf mit einbezogen werden. Sofern man Wölfe auf den Menschen optimal prägen möchte, werden diese von den Verhaltensforschern bereits in den ersten Tagen nach der Geburt von der Mutter getrennt und mit der Flasche großgezogen. Nur so gelingt es, handzahme Wölfe aufzuziehen, da diese schon wenige Tage nach der Geburt den Geruch ihrer Mutter bzw. des betreuenden Menschen auf-nehmen und sich diesen einprägen. Beim Verhaltensvergleich zwischen Bobtail und Eurasier konnten wir auch in dieser Beziehung enorme Verhaltensunterschiede feststellen. Der Eurasier benötigt, im Gegensatz zum Bobtail, einen intensiveren Kontakt zum Menschen, damit er auf diesen optimal geprägt wird.

Konditionierung auf einen Lockruf:

Es hat sich als ein großer Vorteil erwiesen, Welpen auf einen Lockruf zu prägen. Wir verwenden dazu einen Lockpfiff. Sobald die Welpen im Alter von ca. 18 bis 24 Tagen zusätzliche Nahrung aufnehmen, erklingt vor der Fütterung immer der gleiche Lockpfiff. Die Prägung auf einen Lock-ruf empfehlen wir auch allen anderen Elo-Züchtern. Der Welpen-Käufer sollte seinen Welpen ebenfalls, am besten mit Futter, auf seinen Namen prägen. Die Prägung auf den Lockruf oder den Namen hat den Vorteil, dass der neue Besitzer den Welpen schon ab dem ersten Tag nach der Übernahme zu sich rufen kann. Da die Prägung jedes einzelnen Welpen auf seinen Namen bei einem größeren Wurf doch recht aufwändig wäre, verwenden wir für alle Welpen den bereits beschriebenen Lockpfiff.

Wie viel Zeit sollte der Züchter zur Prägung der Welpen einplanen?

Zunächst einmal kann der Zeitaufwand für die Prägung von Welpen unterschiedlicher Rassen ziemlich abweichen. Da ich über viele Jahre Verhaltensvergleiche zwischen Bobtail und Eurasier ziehen konnte, ist mir aufgefallen, dass der Zeitaufwand zur Prägung von Eurasier-Welpen im Vergleich zu Bobtail-Welpen etwas höher ist. Wenn man sich in der Prägephase während der 3. - 5. Woche nur wenig mit Eurasier-Welpen beschäftigt, werden diese, auch gegenüber dem vertrauten Menschen, zurückhaltend bzw. handscheu sein. Das ist beim Bobtail nicht der Fall. Kommen wir nun wieder zurück zum Elo. Hier spielt auch die Abstammung eine gewisse Rolle. Während die durchgezüchteten Elo auch mit wenigen Minuten Kontaktaufnahme pro Tag, wie Hand hinhalten und im Lefzenbereich streicheln, optimal auf den Menschen geprägt sind, benötigen die Welpen, die von der Neueinkreuzung mit einem Eurasier abstammen, besonders in der ersten Generation, intensiveren Kontakt mit dem Menschen.

Gewöhnung an abwechslungsreiche Ernährung

Welpen können nur auf Rohfütterung (rohes Fleisch, Obst, Gemüse und gekochter Reis) geprägt werden. Wir betrachten dies jedoch nicht als sinnvoll, da eine Umgewöhnung auf Fertigfutter recht schwierig wird. Deshalb werden unsere Welpen sehr abwechslungsreich ernährt. Wir beginnen meist mit rohem gewolften Rinderherz im Wechsel mit Dosenfutter (Junior), welches mit warmem Wasser zu einem dünnflüssigen Brei angerührt wird. Die Welpen bekommen diese dünnflüssige Nahrung, je nach Größe des Wurfes, frühestens ab dem 18. Tag.

Dem gegenüber kann ein kleiner Wurf, wenn die Mutter genügend Milch hat, bis zur 4. Lebenswoche ausschließlich durch die Mutter ernährt werden. Ab der 3. Lebenswoche wird bei uns die Wurfkiste geöffnet, sodass die Welpen den ganzen Wurfraum erkunden können.

Ab ca. der 5. Woche beginnen wir die Welpen auch an Fertigtrockenfutter zu gewöhnen. Dies wird anfangs mit Dosenfutter gemischt. Die Zusatznahrung wird drei Mal täglich angeboten. Die Portionen werden dem Bedarf der Welpen angepasst. Wenn die Welpen etwas übriglassen, wird die nächste Mahlzeit etwas reduziert. Sollten die Welpen dagegen über zwei bis drei Tage innerhalb kurzer Zeit die Schalen mehrmals nacheinander gründlich geleert haben, sollte man die Portionen wieder etwas erhöhen.

Da der Elo ein normales Sättigungsgefühl hat, besteht auch in der Regel nicht die Gefahr, dass er mehr Nahrung aufnimmt als er benötigt. Das Futter sollte nicht direkt aus dem Kühlschrank gegeben werden, sondern handwarm sein. Frisches Trinkwasser sollte in einem Napf immer bereitstehen und täglich gewechselt werden. Jede Art von Futterumstellung muss behutsam durchführt werden. Die plötzliche Umstellung auf bestimmte Futtersorten könnte zu Durchfall führen. Welpen sollten nicht regelmäßig mit Katzenfutter gefüttert werden, da die Zusammensetzung anders ist. So hat Katzenfutter einen hohen Eiweißgehalt. Ebenso ist darauf zu achten, dass der Welpe bei Einzug in sein neues Zuhause nicht größere Mengen des Futters von einem evtl. ebenfalls im Haus wohnenden erwachsen Hund oder das Futter der Katze frisst. Sobald die Welpen das Alter von über 4 Wochen erreicht haben, öffnen wir den Schieber nach draußen, damit die Welpen Zugang in den Auslauf zum Freigang haben. In den Wintermonaten öffnen wir den Schieber morgens und abends nur für kurze Zeit, im Sommer wird er tagsüber offengelassen. Die meisten Welpen werden ab ca. der 5. Woche ihren Wurfraum verlassen. Hier können sie dann neue Erfahrungen sammeln, wie das Klettern auf Baumstämme, das Gleichgewicht halten, auf einem Balancier-Karussell laufen und viele andere neue Eindrücke. Im Alter von 6 - 7 Wochen lernen die Welpen bei uns ein Futterrad zu drehen. Beim Drehen erklingen verschiedene Geräusche, wie bspw. das Klingeln einer Glocke. Durch das Drehen des Rades werden sie durch herausfallende Futterbrocken belohnt. Gleichzeitig lernen sie auch, bestimmte Klänge mit der Futterbelohnung zu verbinden. Wenn ein Welpe ein bestimmtes Rad dreht, erklingen Klangschalen. So lernen alle Welpen mit Hilfe der Futterbelohnung zu dem Rad zu laufen, wenn sie dieses Geräusch hören. Sobald Wind weht, erklingt der Ton eines Windspiels, hierbei erfolgt jedoch keine Futterbelohnung. So werden die Welpen darauf geprägt, dass nur bestimmte Geräusche für sie von Bedeutung sind.

Die Prägung der Welpen sollte dem Alter angepasst sein. Man sollte sie vor der Übergabe mit weiteren Umweltgeräuschen und Erfahrungen vertraut machen, wie z.B. das Autofahren, Straßenlärm und einiges mehr. Auch verschiedenartigste Untergründe sollten in die Prägephase einbezogen werden, damit diese bewusst wahrgenommen und gefühlt werden, ebenso gehören Gerüche dazu.

Zum Schluss sollte noch darauf hingewiesen werden, dass es ein Irrtum ist zu glauben, dass die Welpen, je mehr Kontakt sie bekommen, desto besser geprägt seien. Dies ist nicht zutreffend. Man sollte sehr junge Welpen nicht überfordern, sondern die Reize dem Alter entsprechend anpassen.

In dem Zusammenhang soll auch noch meine Beobachtung über die Kontaktaufnahme der Mutterhündin zu ihren Welpen erwähnt werden. Wenn die Mutterhündin ihr Futter bekommt, wird sie, damit sie sich erholen kann, für ein paar Stunden von den Welpen getrennt. Wenn die Mutterhündin nach längerer Abwesenheit wieder zu ihren Welpen zurückkehrt, beleckt sie ihre Welpen im Maulbereich. Später, wenn die Welpen etwas älter sind und neben der Muttermilch auch feste Nahrung benötigen, erbetteln die Welpen dieses durch Belecken der Lefzen der Hündin, um so das Vorwürgen von Futter anzuregen.

Eine artgerechte Kontaktaufnahme mit einem Welpen sollte dem Verhalten der Mutterhündin ähnlich sein. Deshalb sollte die Begrüßung mit dem Welpen auch im Lefzenbereich erfolgen und nicht durch das Streicheln über den Kopf. Das Futterbetteln kann man auch später bei älteren Welpen gegenüber Artgenossen beobachten. Da Hunde die Menschen auch als Artgenossen betrachten, versuchen sie ebenfalls beim Menschen das Gesicht abzulecken. Da der Mensch jedoch recht groß ist, versuchen sie dies durch Anspringen zu erreichen.

Nun bekomme ich von einigen Hundetrainern zu hören, das Anspringen durch den Hund bei der Begrüßung sei eine Bestrafung für den Menschen wegen seiner Abwesenheit. Das Anspringen ist nach meiner Erfahrung zunächst einmal ein Begrüßungsritual, was auch mit Anbetteln um Futter, ähnlich wie bei der Mutterhündin, verbunden sein kann.

Vor einiger Zeit gab es eine Anfrage eines Züchters, der sich um seine Hündin Sorgen machte, da sie immer das Futter erbrach, auf das sich dann die Welpen stürzten. Auch eine tierärztliche Behandlung brachte keinen Erfolg. Deshalb hier noch einmal ein Hinweis für alle - neuen - Züchter. Der Elo ist eine instinktsichere Rasse und infolge dessen verhält er sich ähnlich dem Wolf, indem er den Welpen vorverdaute Nahrung hervor würgt.

5. Beobachtung über das Verhalten des Eurasiers und Bobtails
5.1 Beobachtungen

Die Idee, gezielt nach einer Hunderasse als Familienhund mit bestimmten Charakteranlagen zu suchen und gleichzeitig das rassetypische Verhalten zu beobachten, entstand, als ich im Jahre 1974 eine Sheltie-Zucht aufzubauen begann. Die Bellfreudigkeit und Sensibilität meiner

Zuchttiere haben mich und andere Halter gestört und auch die geringe Nachfrage nach Welpen veranlasste mich, nach anderen Rassen zu schauen. Ich wandte mich zunächst den Bobtails und später den Eurasiern zu, von denen ich hoffte, dass sie als Familienhunde bessere Voraussetzungen mitbringen würden.

An einem Rudel Bobtails führte ich systematisch Verhaltensbeobachtungen durch, zunächst vergleichend mit dem Sheltie, später mit dem Eurasier. Obwohl ich das rassetypische Verhalten des Shelties nur unvollkommen beobachtet hatte, waren mir einige ausgeprägte Verhaltensunterschiede zu den Bobtails aufgefallen. Später musste ich allerdings feststellen, dass auch der Bobtail einige Merkmale hatte, die mir für einen Familienhund wenig geeignet erschienen, z.B. der enorm hohe Aufwand für Fell- und Ohrenpflege, die teilweise mangelnde Wachsamkeit und sein überfreundliches Verhalten gegenüber Fremden, besonders als Junghund.

Als ich irgendwann die Wesensbeschreibung des Eurasiers las, glaubte ich, den idealen Familienhund gefunden zu haben. Vor allem, weil er im Gegensatz zum Bobtail ein pflegeleichtes Fell hat. Seine Stehohren ließen erwarten, dass es nicht so häufig zu Entzündungen des Gehörgangs kommen würde. Ebenso positiv stellte sich das ausgeprägte Mienenspiel des Eurasiers dar.

So wurde 1984 der erste Eurasier ins Haus geholt, um das Bobtail-Rudel zu verkleinern und später die Bobtail-Zucht aufzugeben und mich stattdessen mit der Eurasier-Zucht zu beschäftigen.

Jahre später, als ich mehrere Eurasier hatte, konnte ich zwischen den beiden Rassen enorme Verhaltensunterschiede feststellen, die ich systematisch zu vergleichen begann. Dabei sind mir die Vor- und Nachteile der Charakteranlagen, die zur Züchtung eines Familienhundes und für das Leben im Hausstand wichtig sein würden, bei beiden Rassen aufgefallen.

Der **Bobtail** ist eine alte, aus England stammende Hütehunderasse von etwa 56 bis 65cm Schulterhöhe. Besonders erwähnenswert ist das ursprüngliche Zuchtziel, nämlich: Schafe nicht als Beutetiere zu betrachten und sie niemals ernsthaft anzugreifen oder zu verletzen, sondern sie notfalls durch Zwicken in die Beine zur Herde zurückzutreiben.

Der **Eurasier** hat eine Schulterhöhe von 48 bis 60cm und ist eine noch junge Rasse, mit deren Zucht 1960 begonnen wurde. Er wurde zunächst aus dem Wolfsspitz und Chow-Chow gezüchtet. Diese Eurasier nennt man auch die „Altstämmigen Eurasier". Jahre später wurde auch noch der Samojede eingekreuzt, um „freundlichere" Hunde zu erhalten. Die ursprüngliche Veranlagung des Wolfsspitzes, nicht zu streunen und zu wildern, hat sich bis heute bei einigen Wolfsspitzen erhalten und auch bei einigen Eurasiern. Die „Freundlichkeit" des Samojeden hat das Verhalten des Eurasiers mit beeinflusst.

Aufzucht und Haltung

Tiere beider Rassen wurden in unserer Zucht unter vergleichbaren Bedingungen gehalten - die meisten im Garten, einige auch in der Wohnung - von denselben Personen betreut, über alle Altersperioden hinweg beobachtet und miteinander verglichen. Einzelne Welpen haben wir wenige Tage nach der Geburt ausgetauscht, damit sie in einer gemischtrassigen Welpen Gruppe aufwuchsen. Obwohl z.B. der Bobtail-Welpe mit Eurasier-Welpen zusammen von einer Eurasier-Mutter aufgezogen wurde, hat sich sein Bobtail typisches Verhalten nicht verändert. Ebenso konnten wir es auch umgekehrt beobachten, dass sich das rassetypische Verhalten eines Eurasier-Welpen nicht durch die Aufzucht einer Bobtail Hündin veränderte. Das beweist, dass das rassetypische Verhalten angeboren und auch vererbbar ist. Von jeder Gruppe haben wir mehrere Würfe jährlich aufgezogen. Die Welpen wurden meist im Alter von 8 bis 12 Wochen abgegeben.

Methode der Beobachtung

Bei den Verhaltensvergleichen ging es nicht um eine wissenschaftliche Arbeit. Wir haben uns überwiegend auf die Verhaltensweisen konzentriert, die den praktizierenden Züchter sowie den Hundeliebhaber interessieren, bzw. diejenigen, die später dem Besitzer oft Probleme bereiten. Wir erheben deshalb auch nicht den Anspruch auf Vollkommenheit unserer Verhaltensstudien, sondern wollen zu gezielteren Beobachtungen anregen. Vor allem wollen wir den Hundeliebhabern und allen interessierten Personen verdeutlichen, dass es neben dem Einfluss durch die Umwelt auch noch ein angeborenes rassetypisches Verhalten innerhalb der einzelnen Rassen gibt, teilweise mit enormen Verhaltensunterschieden. Leider liegen bis heute nur wenige wissenschaftlich durchgeführte Untersuchungsergebnisse zur Vererbung von Verhaltensmerkmalen vor. Bei einer größeren Population ausgewachsener Tiere hätten wir eventuell geringfügig veränderte bzw. genauere Ergebnisse erzielen können.
Seit 1979 beobachteten meine Frau und ich das rassetypische Verhalten der Hunderasse „Bobtail". Meine Frau ist nicht berufstätig und konnte

sich deshalb ganztägig der Betreuung und Beobachtung widmen. Das Hunderudel im Garten war vom Wohn- oder Schlafzimmer sowie von der Küche aus einsehbar, so dass täglich eine Beobachtungszeit von mehreren Stunden möglich war, ohne dass die Hunde von der Bezugsperson abgelenkt wurden. Fast 10 Jahre haben wir Bobtails im Rudel von 4 bis 6 Hunden gleichzeitig beobachtet. Insgesamt waren es 12 Althunde, außerdem einige Pflegehunde, Junghunde und Welpen.

Nachdem uns das rassetypische Verhalten der Bobtails sehr gut vertraut war, begannen wir, uns ab 1984 (über 5 Jahre) mit dem rassetypischen Verhalten der Eurasier zu beschäftigen. Das Eurasier-Rudel bestand zeitweilig aus 6 ausgewachsenen Tieren (insgesamt waren es 8 Hunde), hinzu kamen noch einige Pflegehunde. Erst als wir beide Rassen nebeneinander gehalten und gezüchtet haben, ist uns der enorme Verhaltensunterschied aufgefallen. Die Hunde der beiden Rassen stammten aus verschiedenen Zuchten und waren deshalb nur teilweise miteinander verwandt.

Für unsere Beobachtungen an Welpen standen uns ca. 100 Bobtail- und mehr als 60 Eurasier-Welpen zur Verfügung. Bei einer artwidrigen Aufzucht, z.B. in Isolation, bei der kein oder wenig Kontakt mit Artgenossen möglich ist, wären Wesensveränderungen durch falsche Prägung zu erwarten. Wir waren jedoch an dem erblichen Einfluss bei Hunden interessiert, die artgerecht aufgezogen, gut sozialisiert und gehalten wurden, deren Verhalten sich also ungestört in einer reizvollen Umgebung entwickeln konnte. Der größte Teil der beobachteten Hunde wurde im Garten aufgezogen, einige der Tiere auch in der Wohnung, wiederum andere sowohl in der Wohnung als auch im Gehege. In der Verhaltensbeobachtung wurden, soweit es möglich war, auch die Tiere einbezogen, die als Welpen abgegeben wurden und in ihrer Familie als Einzelhund aufwuchsen. Diese nahmen wir von Zeit zu Zeit für einige Wochen zu uns in Pflege, um ihr Verhalten, vergleichend mit dem der bei uns aufgewachsenen Hunde, zu beobachten. Außerdem befragten wir die Besitzer gezielt bezüglich des Verhaltens ihrer Hunde. So war die Zahl der insgesamt beobachteten Hunde viel größer als die, die bei uns aufgezogen und gehalten wurden. Alle Hunde wurden regelmäßig ausgeführt (zunächst an der Leine, dann im nahegelegenen Stadtwald freigelassen), anfangs einzeln, überwiegend jedoch im Rudel von 6-7 Hunden. Wir bemühten uns, das Wesen der bei uns aufgewachsenen Hunde so wenig wie möglich durch Erziehung, Training oder Dressur zu verändern, und sie unter vergleichbaren Umweltbedingungen aufzuziehen, um so eine aussagefähige Antwort auf unsere Fragen in Bezug auf das überwiegend angeborene Verhalten zu bekommen.

Bei dem Verhaltensvergleich konnten wir keine wesentlichen Verhaltens-unterschiede zwischen den bei uns im Rudel aufgewachsenen und den in der Familie als Einzelhund aufgezogenen Hunden feststellen. Bei der Abgabe, der bei uns im Gehege und im Rudel aufgewachsenen Hunde, machten wir oft die Erfahrung, dass die Hunde sich ca. eine Woche nach Abgabe eingelebt hatten, stubenrein waren und ein Verhalten wie gut erzogene Hunde zeigten, obwohl wir ihnen nichts antrainiert hatten. Bei den ausgewachsenen Eurasiern gab es hingegen einige Hunde, die mit der Eingewöhnung große Probleme hatten.

Eurasier-Hündin
„Candy"
und Bobtail-Rüde
„Dino"

5.2   Beobachtungsergebnisse

In allen Verhaltensbereichen sind mir Unterschiede zwischen Eurasier und Bobtail aufgefallen. Ich möchte aber darauf hinweisen, dass sich die Verhaltensbeobachtungen überwiegend auf unsere Hunde bzw. aus unserer Zucht stammende Hunde beziehen und es durchaus sein kann, dass Hunde der gleichen Rasse aus anderen Linien in einigen Punkten ein abweichendes Verhalten haben. Wir haben die beiden Rassen gewählt, weil sich dies durch Zufall ergeben hat. Dabei haben wir fest-gestellt, dass es enorme rassetypische Unterschiede gibt. Nun einige vergleichende Angaben zum Verhalten, beginnend bei den geschlechts-spezifischen Eigenarten:

Läufigkeit

Bobtail	Eurasier
Erste Läufigkeit zwischen dem 8. und 12. Lebensmonat	Erste Läufigkeit zwischen dem 5. und 6. Lebensmonat
Ausgeprägtes Markierverhalten vor der Läufigkeit nicht feststellbar.	Zeigen einige Wochen vor der Läufigkeit ausgeprägtes Markierverhalten.
Es wurden keine besonderen Wesensveränderungen wie Unruhe oder Streunen und Aufreiten auf Rüden oder andere Hündinnen während des paarungsbereiten Zeitraumes beobachtet.	Während der Läufigkeit Unruhe, geht auf die Suche nach Rüden, reitet auf Rüden sowie andere, insbesondere läufige Hündinnen auf.

Auswahl des geeigneten Rüden durch die Hündin zwecks Verpaarung

Bobtail	Eurasier
Ablehnung des Deckrüden konnte bisher nicht beobachtet werden.	Wählt teilweise ihren Partner aus bzw. lehnt den durch den Züchter ausgewählten Deckrüden ab.

Mutterverhalten
Verhalten vor, während und nach dem Werfen

Bobtail	Eurasier
Graben sich einige Stunden vor dem Werfen meist nur eine Wurfmulde.	Veranlagung zum Ausgraben einer Wurfhöhle liegt vor.
Entleeren sich nicht immer gründlich vor der Geburt und müssen dann oft während der Geburt rausgelassen werden. Dabei kann es vorkommen, dass sie draußen beim Kot absetzen einen Welpen verlieren und ihn dann liegen lassen.	Gründliche Vorbereitung auf die Geburt durch Entleerung von Darm, Blase und Magen.

Mutterverhalten
Verhalten vor, während und nach dem Werfen

Bobtail

Eurasier

Benötigen zum Teil menschliche Hilfe, weil bei einigen von uns beobachteten Hündinnen die Mutterinstinkte verkümmert waren.

Sehr instinktsicher, deshalb war keine menschliche Hilfe notwendig.

Zeigen vor der Geburt keine Veranlagung zum Säubern der Zitzen, die Haare um die Zitzen lockern sich ebenfalls nicht vor dem Werfen.

Ablecken und Säubern des Gesäuges vor dem Werfen sowie das Entfernen der losen Haare vom Gesäuge.

Nachdem der Welpe den Geburtskanal verlassen hat, vergeht oft einige Zeit (bis zu 20s), bis das Muttertier mit der Befreiung von der Fruchthülle sowie dem Ablecken der Welpen beginnt.

Befreien ihre Welpen sofort von der Fruchthülle, sobald der Welpe erscheint. Intensives Lecken des Welpen regt diesen zum zielstrebigen Suchen nach der Milchquelle an.

Auf Schmerzensschreie der Welpen wird oft nicht oder nur mit Verzögerung reagiert.

Reagieren sofort auf Schmerzensschreie der Welpen.

Es kam gelegentlich vor, dass Welpen erdrückt wurden.

Legen sich sehr vorsichtig zu den Welpen. Wir haben niemals beobachtet, dass Welpen erdrückt wurden.

Schon wenige Stunden nach der Geburt ist die Hündin abrufbar und verlässt das Wurflager um „Gassi" zu gehen.

Die Hündin verlässt in den ersten Tagen nur widerwillig das Wurflager. Oft gelingt es nur durch Wegnahme eines Welpen, sie nach draußen zu locken.

Mutterverhalten
Verhalten vor, während und nach dem Werfen

Bobtail

Die Hündinnen verlassen teilweise einige Tage nach dem Werfen das Wurflager, um sich neben die Wurfkiste zu legen.

Legt man einen wenige Tage alten Welpen neben das Wurflager, so wird er meistens nicht von dem Muttertier wieder hineingetragen.

Eurasier

Die meisten Hündinnen verlassen das Wurflager in den ersten Tagen nur für kurze Zeit, zwecks Futteraufnahme, um zu trinken und um sich zu entleeren.

In der Regel sofortiges Zurückbringen des Welpen in das Wurflager

Erziehung der Welpen durch das Muttertier

Bobtail

Welpen, die das Muttertier zwicken oder ständig saugen wollen, werden nur angeknurrt, ohne dass bei Nichtbeachtung der Warnlaute eine Bestrafung durch Zwicken erfolgt. Aus diesem Grund haben die Welpen vor der Mutter keinerlei Respekt. So kann sich die Hündin nur noch durch die Flucht, z.B. durch Hinaufspringen auf erhöhte Plätze, vor den Welpen retten. Nachdem die Welpen älter als 6 Wochen sind, gehen die meisten Mutterhündinnen nur widerwillig zu den Welpen, so dass wir sie nur noch zum Säugen zu den Welpen lassen.

Eurasier

Welpen, die sich dem Muttertier gegenüber zu aufdringlich verhalten, indem sie es beim Fressen stören oder während der Ruhephase saugen wollen, werden zunächst durch Knurren gewarnt. Ziehen sie sich daraufhin nicht zurück, werden sie durch Zwicken bestraft. Danach genügt oft nur ein leises Knurren, sofort weichen die Welpen zurück und lassen die Hündin in Ruhe. Trotz oder gerade wegen der autoritären Erziehung gibt es sowohl im Welpenalter als auch im erwachsenen Alter ein sehr harmonisches Zusammenleben.

Verhaltensvergleich der Welpen vom 1. bis 28. Lebenstag

Bobtail

Benötigen nach der Geburt ca. 10 Minuten, teilweise auch wesentlich länger, um an das Gesäuge zu gelangen und zu saugen.

Das Öffnen der Augen, die Reaktion auf Geräusche sowie das Anheben des Körpers vom Boden erfolgt einige Tage später als beim Eurasier.

In den ersten Tagen gibt es oft Probleme mit dem Zurückfinden zum Wurflager, teilweise entfernen sie sich weit von der Wurfkiste und laufen dann orientierungslos umher, bis sie erschöpft in einer Ecke liegen bleiben. Deshalb müssen die Welpen im Wurfraum verbleiben.

Im Gegensatz zu den Eurasiern wird die Wurfkiste nach dem Verlassen nicht mehr benutzt.

Eurasier

Sie sind wesentlich aktiver. Schon wenige Minuten nach der Geburt sind sie am Gesäuge, teilweise schon nach 30 Sek.

Die körperliche Entwicklung verläuft wesentlich schneller. Die Augenöffnung sowie das Anheben des Körpers - als erste Reaktion auf laute Geräusche - erfolgt ab dem 12. Lebenstag.

Bleiben zunächst in der Nähe der Wurfkiste, entfernen sich anfangs nur bis zu einem Meter, um nach wenigen Minuten wieder zurückzukehren. In den ersten Tagen nach dem Verlassen der Wurfkiste wird sie regelmäßig zum Schlafen aufgesucht.

Bei Freilandaufzucht wird die Hütte ab der 5. Woche nur bei ungünstiger Witterung zum Schlafen aufgesucht. Bei warmer, trockener Witterung suchen die Welpen außerhalb eine Schlafstelle.

Verhaltensvergleich in der 4. und 9. Lebenswoche

Bobtail

Benutzen keinen festen
Ausscheidungsplatz, sondern
verteilen Kot und Urin über den
ganzen Raum, bzw. Zwinger, nur
den Schlafplatz halten sie zum
Teil sauber. Bobtail-Welpen sind
in der Regel erst nach ca. 3 bis 5
Wochen intensiver Erziehung
stubenrein.

Eurasier

Beschmutzen ab der 3. bis 4.
Lebenswoche nicht mehr die
Wurfkiste, sondern benutzen
einen festen Ausscheidungsplatz.
Die Eigenschaft des Eurasiers,
einen vom Wurflager entfernten
Ausscheidungsplatz zu benutzen,
macht sich später auch positiv
bei der Erziehung zur Stuben-
reinheit bemerkbar.
Sie sind nach ca. 10 bis 14
Tagen nach Abgabe stubenrein,
vorausgesetzt sie werden regel-
mäßig nach draußen gebracht.
Das Ausscheidungsverhalten
steht also in einem engen
Zusammenhang mit der
Stubenreinheit.

Menschliche Zuwendung während der Sozialisierungsphase

Bobtail

Sie sind auch dann noch
vertrauensvoll zum Menschen,
wenn sie in der Prägungsphase
nur wenig menschliche
Zuwendung erfuhren.

Eurasier

Sie benötigen als Welpen eine
enge Beziehung zum Menschen,
damit sie ihre Scheu verlieren.

Verhaltensbeobachtung nach Umsetzen des Wurfes vom Innenraum ins Freigehege im Alter von 4 bis 6 Wochen

Bobtail

Verlassen die Hundehütte und legen sich vor die Tür, von der sich die vertraute Person entfernt hat, bleiben in den ersten Tagen auch bei Regen im Freien liegen und sie lernen es nur sehr langsam, die schützende Hütte aufzusuchen

Eurasier

Werden die Welpen nach draußen in das Gehege und in eine Hütte gesetzt, so wird diese bei schlechter Witterung auch gleich angenommen und genutzt. Bei trockener Witterung bevorzugen sie als Schlafplatz geschützte Stellen wie bspw. unter Baumstämmen oder Überdachungen. Liegen Zweige im Gehege, wird der Schlafplatz in der Regel unter den Zweigen ausgewählt.

Psychische Belastbarkeit

Bobtail

Die Welpen haben in der Regel ein robustes Wesen. Die meisten zeigen keine Angst vor vermeintlichen Gefahren.

Reagieren gelassen auf Orts- und Besitzerwechsel.

Eurasier

Sind feinfühliger, sensibler als Bobtail-Welpen, haben gesundes Misstrauen gegenüber allem, was für sie eine Gefahr sein könnte.

Reagieren in der Regel empfindlich auf Orts- und Besitzerwechsel.

Psychische Belastbarkeit

Bobtail

Sind durch ihr robustes Wesen schon im Welpenalter gegen Stress unempfindlicher als Eurasier-Welpen, reagieren deshalb auch gelassener, wenn sie im Alter von ca. 9 Wochen ihre erste große Autofahrt zu ihrem neuen Zuhause unternehmen. Sind angenehme Patienten für jeden Tierarzt und können auch gut allein zu Hause bleiben

Eurasier

Sind vor allem im Welpenalter empfindlicher. Unangenehme Erfahrungen in dieser Zeit können sich bei sensiblen Welpen auf das spätere Leben ungünstig auswirken und somit zu Wesensveränderungen führen.

Verhaltensvergleich zwischen der 9. bis 16. Lebenswoche

Bobtail

Unangenehme Erlebnisse haben in der Regel nur eine vorübergehende Wesensveränderung zur Folge.

Folgsamkeit ist sehr ausgeprägt, aber leider auch mit zwei großen Nachteilen gekoppelt: Erstens läuft der Welpe bei den ersten gemeinsamen Spaziergängen dicht vor der führenden Person und behindert diese dadurch.

Eurasier

Lernen viel schneller Verbote, wenn damit unangenehme Erfahrungen verbunden sind. Einige Welpen bzw. Junghunde beginnen im Alter von ca. 9 Wochen, eine sehr enge Bindung mit ihrer Bezugsperson einzugehen.

Auch innerhalb der Rassen gibt es Würfe, die robuster und belastbarer sind als die übrigen. Einige sind schon im Welpenalter sehr selbständig, haben keine ausgeprägte Gefolgstreue, sind jedoch meist folgsam, was sich vor allem auf den vertrauten Menschen bezieht.

Verhaltensvergleich zwischen der 9. bis 16. Lebenswoche

Bobtail

Zweitens ist seine Folgsamkeit nicht nur auf vertraute Personen beschränkt, er läuft jedermann hinterher. Zum Teil ist das Verhalten gegenüber Fremden sogar freundlicher als gegenüber vertrauten Menschen. Dieses Verhalten verändert sich erst, wenn der Bobtail älter ist. (Ab ca. 5 bis 12 Monaten). Er ist zum Teil ein „Allerweltshund", der in der Regel sein Verhalten nur allmählich verändert, deshalb können normalerweise auch etwas ältere Welpen problemlos abgegeben werden, was auch von Vorteil sein kann.

Eurasier

Fremde Personen werden meist aufmerksam beobachtet, ohne jedoch hinter ihnen herzulaufen oder sie gar anzuspringen. Je älter, desto schwieriger die Gewöhnung an fremde Personen. Empfindliche Reaktion bei einem Besitzer- oder Ortswechsel bei einigen Welpen im Alter von 9 bis 16 Wochen. Beim ausgewachsenen Eurasier ist der Wechsel bei den meisten Tieren mit Schwierigkeiten verbunden.

Sozial- und Spielverhalten bei Welpen und Althunden gegenüber Menschen und Artgenossen, Rangordnung

Bobtail

Keine klare Rangordnung unter den Hündinnen erkennbar. Die beobachteten Hündinnen waren sehr friedlich im Rudel und gegenüber fremden Hunden.

Zeitweilig hatten wir bis zu fünf ausgewachsene Hündinnen in unserem Bestand untergebracht. (Das schon bestehende Rudel konnte auch durch fremde, ausgewachsene Hündinnen vergrößert werden, ohne dass es zu Raufereien um die Rangordnung gekommen wäre.

Eurasier

Klare Rangordnung vorhanden.

Bei den beobachteten Eurasiern funktionierte das friedliche Zusammenleben nur, wenn das bestehende Rudel durch die eigenen Nachkommen vergrößert wurde. Mit hinzugekauften ausgewachsenen Tieren gab es oft Raufereien.

Sozial- und Spielverhalten bei Welpen und Althunden gegenüber Menschen und Artgenossen, Rangordnung

Bobtail

Gelegentlich auftretende Raufereien zwischen den Hündinnen, konnten problemlos von einer Person getrennt werden, teilweise genügte schon lautes Ansprechen, ohne dass es zu erneuten Kämpfen gekommen wäre. Dagegen waren einige der beobachteten Rüden unterein-ander unverträglich.

Eurasier

Nur die älteste Hündin wurde von allen als die Ranghöchste akzeptiert. Sie behauptete ihre Alphaposition nur durch Droh-gebärden.

Rangordnungskämpfe

Bobtail

Bei den Bobtail-Welpen traten ernste Rangordnungskämpfe erst im Alter von ca. 12 Wochen auf, was allerdings äußerst selten zu beobachten war.
Unterwerfungsgeste nur bei intensivem Drohen.

Eurasier

Schon im frühen Welpenalter, ab der 7. Lebenswoche, konnten wir bei einigen Würfen beobachten, dass aus dem Spiel ernste Raufereien entstehen können. Gegenüber älteren Artgenossen zeigen die Welpen eine ausge-prägte Unterwerfungsgeste.
Sie scheinen am Geruch zu er-kennen, wer der Ältere ist. Der wird dann in der Regel auch als der Ranghöhere anerkannt, ohne dass es zu ernsten Raufereien kommt. Die Rangordnung wird oft nur durch Drohgebärden demon-striert. Falls es doch bei adulten Tieren zum Kampf kam, taten sie das sehr intensiv. Nach dem Trennen begann der Kampf oft erneut.

Wachsamkeit und Revierverteidigung

Schon im Welpenalter gibt es Verhaltensunterschiede zwischen beiden Rassen

Bobtail

Während Bobtails im Welpenalter niemals eine Revierverteidigung zeigten, war sie bei den ausgewachsenen Hunden im Alter von 1 bis 2 Jahren teilweise zu beobachten.

Nach freundlichem Ansprechen durch Fremde reagierten sie zum Teil mit freundlichem Begrüßungsritual. Jedoch konnten wir bei einigen Rüden auch ein sehr verteidigungsbereites Verhalten beobachten.

Eurasier

Einige sind schon im Welpenalter von ca. 7 bis 9 Wochen gegenüber fremden Personen zurückhaltend und können schon im Alter von ca. 3 bis 4 Monaten Fremde durch Wuffen, Knurren oder Bellen ankündigen.

Die Aufmerksamkeit ist bei den Eurasiern wesentlich besser ausgeprägt, ebenso ist ihr Reaktionsvermögen deutlich schneller. So wird ein Fremder vom Eurasier weitaus früher entdeckt als vom Bobtail.

Beuteverteidigung

Bobtail

Im Alter von 12 Wochen erstmals beobachtet.

Eurasier

Zeigen in der Regel eine intensivere und auch wesentlich frühere Beuteverteidigung, ungefähr ab der 7. Lebenswoche.

5.3   Zusammenfassung

Die Beobachtung zweier unterschiedlicher Hunderassen zeigte ein ganz unterschiedliches Verhalten zwischen Bobtail und Eurasier, obgleich das Umfeld völlig identisch war. Allerdings gab es bei diesen Verhaltensvergleichen auch einzelne Welpen, die sich nicht immer rassetypisch verhielten. Diese Verhaltensbeobachtungen treffen auf ca. 80% der beobachteten Welpen zu. Dies beweist, dass das Verhalten nicht nur durch Aufzucht, Umwelt, Erfahrung und Erziehung bestimmt wird, sondern vor allem durch das Erbgut.

Die Vergleiche machten deutlich, dass es fast keinen Verhaltensbereich gibt, in dem sich die Rassen Bobtail und Eurasier aufgrund des unterschiedlichen Erbgutes nicht (mehr oder weniger deutlich) voneinander unterscheiden. Jahre später konnte ich auch das Verhalten zwischen den einzelnen Kreuzungsgruppen Bobtail x Eurasier und Spitz x Pekinese vergleichend beobachten. Auch hier konnten große Verhaltensunterschiede festgestellt werden. Das Verhalten des Hundes kann durch Aufzucht, Erfahrung, Training und Dressur bis zu einem gewissen Grad beeinflusst werden. Der dazu nötige Aufwand kann durch die genetischen Anlagen sehr unterschiedlich sein. Eine Erfolgsgarantie gibt es nicht.

Das jahrelange Beobachten zweier Rassen hat auch gezeigt, dass bei der noch jungen Rasse Eurasier das Verhalten zum Teil noch nicht so rassetypisch ausgeprägt ist, wie beim Bobtail. Dafür sind bestimmte wünschenswerte Eigenschaften beim Eurasier vorhanden, die beim Bobtail schon teilweise verlorengegangen sind. Für die Zucht des Eurasiers wäre es empfehlenswert, durch eine gezielte Zuchtauswahl in Bezug auf die Wesensmerkmale zu einem etwas einheitlicheren rassetypischen Verhalten zu kommen.

Bei der Rasse Bobtail hat sich gezeigt, dass bei den meisten Hunden viele, für den Hundehalter vorteilhafte, Charakteranlagen des Hütehundes erhalten geblieben sind, obwohl seit Generationen fast keine Zuchtauswahl auf Charakteranlagen eines Hütehundes stattgefunden hat. Andererseits sind bei einigen Hunden erste Anzeichen von Degenerationserscheinungen nicht zu übersehen, z.B. sind beim Bobtail die Mutterinstinkte schwächer ausgeprägt als beim Eurasier. Den Züchtern wäre zu empfehlen, diesen Nachteilen durch eine entsprechende Zuchtauswahl entgegenzuwirken. Einige Jahre später habe ich zur Weiterentwicklung meiner Elo-Forschung das mir über Jahre sehr bekannte und vertraute Verhalten des Bobtails und des Eurasiers mit dem des Elo verglichen. Zu diesem Vergleich wurden die Elo wiederum unterteilt in Groß-Elo und Klein-Elo, erste Generation - nur Spitz und Pekinese - sowie später die 3. Gruppe Klein-Elo aus der Abstammung Groß-Elo x Klein-Elo.

Dabei habe ich folgende Erkenntnisse gewonnen:

1. Wesensmerkmale sind beim Hund rassetypisch sehr stark genetisch fixiert.
2. Durch äußere Einflüsse (Umwelt, Erziehung) lassen sich Wesensmerkmale nur begrenzt verändern.
3. Bobtail und Eurasier verfügen über erblich geprägte Eigenschaften, die meinen Vorstellungen von einem Familienhund z.T. entsprechen aber z.T. auch widersprechen.

Die gewonnenen Erkenntnisse haben mich zu folgenden Schritten veranlasst: Ich wollte versuchen, durch Kreuzungen der Tiere, insbesondere durch Kreuzung der beiden schon genannten Rassen zu Hunden zu gelangen, die die erwünschten Merkmale des Wesens und auch die äußeren Merkmale stärker vereinen und mit nachteiligen Merkmalen weniger belastet sind. Auf diesem Wege haben wir, die Elo-Züchtergemeinschaft, große Erfolge erzielt.
Dabei haben wir anfangs die äußeren Merkmale bewusst den Verhaltenseigenschaften untergeordnet. Inzwischen züchten wir sowohl nach einem biologisch sinnvollen Äußeren, dabei bemühen wir uns die weißen Zeichen des Bobtails (Holländermuster) zu erhalten, als auch nach einem Wesens-Standard. Die Haltung und Unterbringung der Elo sind ähnlich wie bei Bobtail und Eurasier. Die züchterischen Arbeiten wurden über ein Jahrzehnt von einer erfahrenen Zoologin sowie Tierärzten begleitet.

Klein-Elo der 1. Generation, der aufgrund seiner Einfarbigkeit sowie seinen Kippohren noch nicht dem Idealtyp entspricht.

Elo-Welpen der 1. Generation. Hier waren die Welpen noch überwiegend einfarbig.

6. Das Verhalten der Nachkommen aus der Kreuzung Elo und Dalmatiner

Um noch mehr über den Zusammenhang zu erfahren, was angeboren und vererbbar und was erworben, also durch die Umwelt beeinflusst worden ist, erschien es mir sinnvoll, auch Hunde anderer Rassen, wie den Dalmatiner - bereits ab dem Welpenalter - unter gleichen Bedingungen wie die Elo-Welpen aufzuziehen. Ich wollte beobachten, ob es Verhaltensunterschiede zwischen dem Elo und dem Dalmatiner geben würde. Wenn ja, welche Wesensmerkmale sich von welcher Rasse durchsetzen, und wie der Erbgang erfolgt, bzw. wie sich einzelne Wesensmerkmale über Generationen weitervererben. Gleichzeitig wollte ich auch beobachten, wie sich das äußere Erscheinungsbild, wie die Kurzhaarigkeit und die Plattenscheckung der Dalmatiner-Hündin Adin weitervererbt. Deshalb habe ich von September 1995 bis August 1997 die Dalmatiner-Hündin ab dem Welpenalter beobachtet und mit dem Elo verglichen. Ich konnte dabei enorme Verhaltensunterschiede beobachten und dokumentieren. Dabei hatte ich später auch die Gelegenheit, sie bei der Aufzucht ihrer sieben Welpen zu beobachten, die von dem Elo-Rüden Alf abstammten, der sehr verträglich gegenüber anderen Haus- und Wildtieren sowie Artgenossen war und viele weitere angenehme Charaktereigenschaften eines Familienhunds hatte. Im Gegensatz zu vielen Elo war Adins ausgeprägte Neigung zum Apportieren besonders positiv, wie bspw. Schlüsselbunde, Blechdosen oder Flaschen. Des Weiteren konnte ich feststellen, dass sie im Gegensatz zu den vielen anderen Hunden eine sehr gute Milchleistung hatte, wobei sie auf allen 10 Zitzen gleich viel Milch hatte. Das war nach unseren bisherigen Beobachtungen ungewöhnlich, denn alle von uns beobachteten Hündinnen verschiedener Rassen hatten in der Regel bisher nur auf 6 bis 8 Zitzen eine gute Milchleistung. Adins Milchleistung war bis über die 8. Lebenswoche noch vorhanden. Nach Aufzucht ihrer Welpen habe ich für Adin ein gutes Zuhause gesucht und unsere Verhaltensbeobachtungen wurden bei ihren Nachkommen fortgesetzt; ich blieb aber weiterhin in Kontakt mit den neuen Besitzern von Adin. Dieser Kontakt war für die jetzigen Besitzer, aber auch für mich eine Erleichterung, da Adin, im Gegensatz zu den Elo, nicht so leicht zu handhaben war. Besonders ihr ausgeprägtes „an der Leine ziehen" beim Entgegenkommen eines fremden Hundes, machte den neuen Besitzern zu schaffen. So wäre wohl das gleichzeitige Ausführen von 6 - 7 Dalmatinern, was beim Elo von einigen Ausnahmen abgesehen problemlos ist, unmöglich gewesen. Mir fiel die Trennung von Adin sehr schwer, man hatte sich an sie gewöhnt und es fällt einem letztendlich doch schwer, sich wieder von Hunden zu trennen, mit denen man über einen längeren Zeitraum sehr engen Kontakt hatte. Aber ohne Trennung gäbe es keine Fortschritte, weder in der Verhaltensforschung noch in der Zucht.

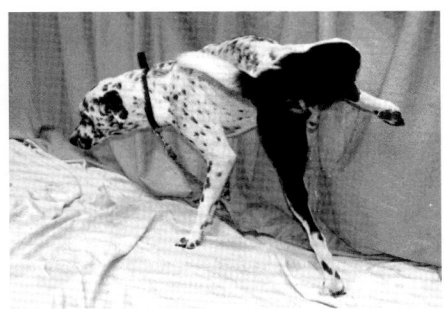

Bild links: Dalmatiner-Hündin „Adin"

Bild rechts: Dalmatiner/Elo Kreuzung,1. Generation F1 „Amos"

Bild links: Dalmatiner/Elo-Nachkommen, Welpe F2 ca. 8 Wochen alt

Bild rechts: F2 Dalmatiner x Elo, Junghunde ca. 5 Monate alt

Bei der Vererbung von Wesensmerkmalen ging es mir vor allem um die Beobachtung, ob sich die einzelnen, zum Teil unerwünschten Charakteranlagen von Adin durch die Verpaarung mit Alf verdrängen ließen. Adins unerwünschte Charaktereigenschaften waren vor allem ihre Angriffsbereitschaft gegenüber anderen kleineren Haustieren, die Ablehnung fremder Artgenossen, eine geringe Belastbarkeit sowie Unruhe vor dem

Ausführen und ihr großer Bewegungsdrang. Deshalb erschien es mir ganz wichtig, sie mit einem der interessantesten Elo-Rüden zu verpaaren, der diese unerwünschten Merkmale nicht hatte. Schon in der 1. Generation gab es einige Nachkommen, die ihrem Vater im Verhalten sehr ähnlich waren, andere auch ihrer Mutter. Um Inzucht zu vermeiden, wurden zwei Töchter (1. Generation) von Adin mit dem Rüden Amos, ebenfalls F1 Generation, verpaart. Der Rüde stammte aus einer anderen Dalmatiner/Elo-Verpaarung, die von einem anderen Elo-Züchter durchgeführt wurde. Er wurde mit 1½ Jahren auch zur Verhaltensbeobachtung für einige Monate von mir übernommen. Bei der 2. Generation (F2) gab es wiederum Aufspaltungen.

Einige Hunde entsprachen vom Verhalten her dem idealen Elo. Leider gab es aber auch andere, die ein der Dalmatiner-Hündin Adin ähnliches Verhalten zeigten. Zur Weiterzucht wurden nach Möglichkeit nur die wesensinteressantesten Hunde verwendet. Mit dem Ziel, die Vererbung von ganz unterschiedlichen Charakteranlagen zu beobachten und vor allem unerwünschte Wesensmerkmale weg zu züchten. Gleichzeitig hatte ich mich mit der Frage beschäftigt, ob es sinnvoll sei, den Elo auch in einer kurzhaarigen Variante aus den Nachkommen zwischen Elo und Dalmatiner zu züchten. Dies wurde zu der damaligen Zeit jedoch von den meisten Elo-Züchtern wie auch Elo-Liebhabern auf einer Mitgliederversammlung abgelehnt. Deshalb wurden alle Nachkommen zunächst in einer separaten Linie als „Damelo" weitergezüchtet und die interessantesten Hunde ab der zweiten und dritten Generation erst später in die Elo-Zucht mit aufgenommen. Die Nachkommen wurden jedoch als „DAL-Linie" gekennzeichnet.

Dadurch hatten die anderen Elo-Züchter die Möglichkeit, Nachkommen dieser Linie nicht in ihrer Zucht mit einzusetzen. Als wir jedoch Jahre später einige Generationen weiter waren, hat die Abstammung „DAL" fast niemanden mehr interessiert.

Leider hat sich das „Erbe Kurzhaarigkeit" auch in den weiteren Generationen nicht durchgesetzt. Im äußeren Erscheinungsbild hatte sich zunächst der „Typ Dalmatiner" dominant vererbt, das heißt, die Nachkommen waren dem Dalmatiner sehr ähnlich, ohne jedoch die typischen Dalmatiner-Flecken zu zeigen.

Die Nachkommen der 1. Generation waren gescheckt mit sehr kleinen Tupfen. Bei der Rückkreuzung der ersten Generation mit dem Elo waren diese Nachkommen der äußeren Erscheinung nach wie auch vom

Wesen dem Elo ähnlich, jedoch meist etwas zierlicher. Wir haben die Beobachtung teilweise bis zur 8. Generation vergleichend mit dem Elo durchgeführt. Die interessantesten Nachkommen wurden wiederum mit dem Elo verpaart. Bei diesen weiteren Generationen, die beobachtet wurden, ist weder das Kurzhaarige noch die Zeichnung wieder in Erscheinung getreten. Die Hündinnen aus diesen Verpaarungen unterschieden sich nur in den ersten Generationen von den anderen Elo-Hündinnen durch einen schlanken, recht zierlichen Körperbau. Auch die Stimmlage war in den ersten Generationen noch recht laut und hoch. Mit den geeignetsten Nachkommen wurde eine neue Elo-Linie aufgebaut. Diese neue Elo-Linie wurde als Damelo-Linie (DAL-Linie) gekennzeichnet und später hat sich diese Linie mehr und mehr in der Elo-Zucht verbreitet.

Zusammenfassung
Wiederum haben sich die zuvor schon aus den Verhaltensvergleichen Bobtail x Eurasier gewonnenen Erkenntnisse über den enormen Einfluss des Erbgutes auf das Wesen bis in die 4. Generation bestätigt.
Durch die Einkreuzung des Dalmatiners in den Elo kam eine achte Ausgangsrasse hinzu. Der Elo dürfte weltweit die erste Rasse sein, die aus acht Ausgangsrassen entstanden ist.

Bild links: Damelo-Hündin „Elly"
3. Rückkreuzungsgeneration
Dalmatiner x Elo"

Bild rechts: Damelo-Hündin „Elly".
Beim Wesenstest gegenüber
einem Kaninchen zeigte sie kein
Interesse

Schlussfolgerung unserer Beobachtungen

Für die ungestörte Entwicklung der angeborenen Charakteranlagen ist eine artgerechte, verantwortungsvolle Aufzucht und Haltung Voraussetzung. Das Verhalten eines Hundes wird bis zu ca. 80 % durch das Erbgut beeinflusst. Nach drei Generationen ist es gelungen, das zierliche, somit Dalmatiner ähnliche, weitestgehend weg zu züchten.

Um eine neue Elo-Linie aufzubauen, wurde „Elly" mit einem Elo verpaart. Die nächsten zwei Generationen bekamen Registrierpapiere. Zunächst war es so, dass die Nachkommen, in die Dalmatiner-Hündinnen eingekreuzt waren, in den Ahnentafeln als DAL gekennzeichnet wurden. Mit ihnen wurde als DAL Linie weiter gezüchtet. Da sich inzwischen das Erbe des Dalmatiners von Generation zu Generation weiterverbreitet, wurde der Dalmatiner später als eine der Ausgangsrassen vermerkt.

7. Perspektiven in der Elo-Zucht

Durch eine konsequente Selektion ist es uns gelungen, in der Elo-Zucht einen Hund mit sehr geringen Inzuchtwerten zu züchten. Das war u.a. durch die Einbeziehung unserer Datenbank, die speziell für unsere Zucht entwickelt wurde, möglich. (siehe 4.9.2)

Neben unserem aktiven Einsatz zur Gesunderhaltung und zur Wesensfestigung des Elo, haben wir ursprünglich eine enge Zusammenarbeit mit Fachleuten und Instituten, wie Tierärztlichen Hochschulen und Universitäten angestrebt, um durch deren wissenschaftliche Erkenntnisse weitere Antworten auf die für uns relevanten Fragen in der Elo-Zucht zu erhalten. Leider war das Interesse an wissenschaftlicher Zusammenarbeit nicht allzu groß. Diese beschränkt sich zurzeit auf die Sammlung von Blutproben, die wir in der Tierärztlichen Hochschule Hannover (TiHo) und der Universität Bern lagern. Sobald in Bern genug Blut von an Glaukom erkrankten Elo vorliegt, sind die Wissenschaftler bemüht, einen Gentest zur Früherkennung von Glaukom zu entwickeln. Leider haben wir bisher zu wenig erkrankte Tiere, um dem Labor eine ausreichende Menge Blutproben zur Verfügung zu stellen, mit denen die Forschungsarbeiten im größeren Rahmen fortgeführt werden könnten. Deshalb sind wir weiterhin daran interessiert, Blutproben von erkrankten Elo nach Bern zu schicken.

Es ist ein ganz großes Ziel, durch Forschungsergebnisse eine Früherkennung von Krankheiten zu ermöglichen, um so das Auftreten von Erbkrankheiten etc. durch gezielte Zuchtauswahl zu verhindern.

Wir haben uns jedoch noch weitere Ziele gesteckt. Seit einiger Zeit werden umfangreiche Beurteilungsbögen zu den Themen Wesen,

Instinktsicherheit und Erbgesundheit von Elo-Hundehaltern ausgefüllt. Diese Beurteilungsbögen werden nach neu erarbeiteten und speziell für den Familienhund entwickelten Methoden ausgewertet. Sie bieten u.a. die Möglichkeit der Qualitätsüberprüfung sowie die Entwicklung gezielter Maßnahmen für die Zucht, wie z.B. die Gelehrigkeit von Hunden in die Elo-Zucht-Bewertung einzubeziehen oder Eigenschaften von Generation zu Generation im Erbgut des Elo zu verankern und zu verbessern.

Inzwischen werden mehr und mehr Elo auch auf Grund ihrer Gelehrigkeit als Therapie-, Service-, Blindenbegleit- und Behindertenbegleithund eingesetzt. Sofern der Wunsch von Blindenführhund-Ausbildern besteht, würden wir auch gezielt eine neue Linie mit einer Schulterhöhe von 55 - 60cm mit dem Schwerpunkt aufbauen, dass bei dieser Linie Gelehrigkeit, Desinteresse am Jagen und Wildern und einiges mehr im Vordergrund stehen würden. Vorrangig haben wir jedoch das Ziel, den Elo als Familienhund mehr und mehr zu etablieren und ihn in der Öffentlichkeit noch bekannter zu machen.

Tierzucht ist ein fortschreitender, sich ständig entwickelnder Prozess. Wir sehen die Notwendigkeit und haben ebenso das Bedürfnis, sachkundiger zu werden, um die gestellten Ziele in der Elo-Zucht, gemeinsam mit unserer Züchtergemeinschaft, der EZFG, zu erreichen.

Inzwischen gibt es ca. 120 Elo-Züchter. Viele Zuchtstätten befinden sich in Deutschland, aber auch in Österreich, der Schweiz und in den Niederlanden werden Elo gezüchtet und mittlerweile ebenfalls in Belgien.

8. Wie viele Hunde leben auf der Elo-Ranch?
Oder: „Wie viele Elo haben Sie denn?"
Auf diese, von Welpen-Interessenten wohl am häufigsten gestellte Frage, möchte ich in diesem Artikel etwas näher eingehen. Um eine Zucht erfolgreich zu betreiben, benötigt ein Züchter schon einige Zuchttiere. Ein solches Projekt kann nicht mit 3 oder 4 Elo-Hündinnen auf die Beine gestellt werden. Je mehr Hunde zur Verfügung stehen, umso größer ist die Zuchtauswahl und desto schneller wird man in der Zucht vorankommen. Einen ersten Eindruck über den Umfang unserer Elo-Zucht können alle Welpen-Interessenten und Elo-Zucht-Interessierte gewinnen, wenn wir gemeinsam einen Rundgang durch unsere Zuchtanlagen machen. Auf einer großen Tafel sind die Ausgangsrassen unserer Zucht sowie die 1. Und 2. Generationen abgebildet.

Der Bestand unserer Elo hat sich mittlerweile auf ca. 15 eingependelt. Seit einiger Zeit versuchen wir, diesen Bestand zu verringern. Noch vor einigen Jahren war es sehr schwierig, für die beiden einfarbigen Rüden Artus und Aldrago, die aus der Verpaarung Elo x Eurasier abstammten, ein gutes neues Zuhause zu finden. Inzwischen gibt es jedoch wesentlich mehr Nachfrage nach ausgewachsenen Elo, so dass eine Abgabe problemlos ist.

Seit 2017 nehmen wir auch Pflegehunde unterschiedlicher Rassen auf, um so weitere Verhaltensvergleiche mit dem Elo durchführen zu können.

Ein Grund für eine größere Anzahl von Hunden in einer Zuchtstätte ist die Notwendigkeit, die Elo-Zucht auf eine breitere Zuchtbasis zu stellen.

Um das zu erreichen, wurden in den letzten Jahren nochmals mehrere Neueinkreuzungen der wichtigsten Ausgangsrassen vorgenommen. Zur Festigung des Kleinbleibens bei den Klein-Elo wurden z.B. zusätzlich weitere Spitze eingekreuzt. Dadurch konnte der Inzuchtkoeffizient (IK), der sich vor ca. 20 Jahren erheblich erhöht hatte (teilweise auf 10%), inzwischen wieder auf einen sehr niedrigen Stand von z.Zt. durchschnittlich 2-3% gesenkt werden.

Leider waren nur wenige Züchter daran interessiert, Welpen der 1. Generation zu übernehmen, sodass wir alle für die Zucht wichtigen Nachkommen selbst behalten haben. Ähnlich war es bei den Groß-Elo.

In einer Zuchtstätte wurde 2005 eine Elo-Hündin mit einem Eurasier verpaart. Aus diesem Wurf wurden von uns 3 Welpen für die Weiterzucht übernommen. Einer dieser Welpen zeigte manchmal ein unsicheres Verhalten. Deshalb wurde er nicht zur Zucht eingesetzt und an einen Liebhaber abgegeben. Die anderen beiden, Bibi und Bogi, wurden bei uns aufgezogen und erfolgreich in der Zucht eingesetzt. Da Bogi auch schwierig zu verpaarende Hündinnen decken konnte, hat er in einigen Jahren über 100 Nachkommen gezeugt.

Eine weitere Hündin verblieb beim Züchter. Sie konnte dort, wie auch ein weiterer Rüde aus diesem Wurf, nach der positiven Zuchtbewertung ebenfalls zur Zucht eingesetzt werden. Jahre später konnten wir ebenfalls eine Eurasier-Züchterin für die Elo-Zucht gewinnen. Sie verpaarte ihre Zuchthündin mit einem Elo-Rüden. Ich bemühte mich, alle Welpen an Züchter zu vermitteln, was mir auch zunächst gelang. Leider haben sich die 3 Hündinnen aus dem Wurf für die Zucht nicht bewährt, weil sie zum Teil unsicheres und schwieriges Verhalten zeigten.

Wie bereits erwähnt, haben wir zwei Rüden aus diesem Wurf, Artus und Aldrago, übernommen, beide haben sich als Zuchtrüden bewährt. Als wir

140

mit der Planung der Neueinkreuzung schon abschließen wollten, wurde uns noch ein weiterer sehr interessanter Eurasier-Rüde, namens Arnie, zur Verfügung gestellt. Dieser Rüde war von seinem Verhalten dem Elo sehr ähnlich, also robust, belastbar, ohne Jagdtrieb und auch zu gleichgeschlechtlichen Artgenossen friedlich. Dies war ein Glücksfall. Deshalb wurde auch Arnie in die Zucht mit aufgenommen. Für dessen Nachkommen interessierten sich auch einige andere Elo-Züchter.

Den Abschluss der Neueinkreuzungen bildete vorerst eine Bobtail-Hündin. Jahre später kam auch noch ein sehr interessanter Bobtail-Rüde hinzu. Aus diesen Neueinkreuzungen wurden mehrere Welpen für die Nachzucht eingeplant. Somit haben wir weiter die genetische Vielfalt erhalten.

Diese Beispiele zeigen, dass zum Aufbau einer neuen Rasse mehrere Hunderudel notwendig sind. Aus dieser Beschreibung geht auch hervor, wie aufwendig der Aufbau einer neuen Rasse ist, weshalb wir einen größeren Hundebestand benötigen und wie wir inzwischen seit über 30 Jahren daran arbeiten, den Elo voran zu bringen. Sofern wir keine Züchter finden, müssen besonders interessante Hunde bei uns für die Weiterzucht verbleiben, während die meisten Welpen an Liebhaber abgegeben werden.

Leider mussten wir auch immer wieder die Erfahrung machen, dass einige Rüden Besitzer Probleme damit haben, ihre interessanten Elo-Rüden der Elo-Zucht zur Verfügung zu stellen. Gerade in den letzten Jahren haben wir gelegentlich folgende Mitteilung bekommen: „Ab sofort steht mein Rüde aus persönlichen Gründen der EZFG e.V. nicht mehr zur Verfügung". Manche Tiere werden uns später als kastrierte Tiere wieder zurückgegeben. Auch aus diesem Grunde bleiben besonders interessante Rüden, die für die Zucht wichtig sind, bei uns. Nur so können wir sicher sein, dass sie der Zucht auch langfristig erhalten bleiben. Andererseits gibt es wiederum viele Rüden, die für die Zucht wenig geeignet sind. Trotzdem werden diese beurteilt und der Zucht zur Verfügung gestellt. Gewiss kann jeder Elo-Rüden Besitzer seinen Elo für die Zucht beurteilen lassen. Sinnvoller wäre es jedoch, wenn man zuvor abklären würde, ob er auch viele gewünschte Merkmale mitbringt, die für die Zucht wichtig sind. Zusätzlich haben wir oft das Problem, dass die Rüden Besitzer wünschen, dass möglichst alle Rüden gleichmäßig in der Zucht eingesetzt werden, was die Zucht jedoch nicht voranbringt. Deshalb wäre es wünschenswert, dass besonders für die Zucht geeignete Rüden wesentlich häufiger eingesetzt werden als die für die Zucht weniger geeigneten.

Soweit meine Beantwortung der wohl meistgestellten Frage.

Die wichtigste Voraussetzung für einen kontinuierlichen Fortschritt in der Zucht ist jedoch, dass man als Begründer und Zuchtleiter an der Fortsetzung der Zucht arbeiten kann und das Amt des Zuchtleiters nicht ständig neu besetzt wird.

9.   Schlussgedanken

Ich hoffe, dass es mir gelungen ist, den Leser mit dieser Abhandlung etwas hundekundiger gemacht zu haben und ihm gleichzeitig auch die Entstehungsgeschichte des Elo sowie die Bedeutung des Erbgutes für die Entwicklung eines Familienhundes vermittelt zu haben. Sollten sich einige meiner Gedanken wiederholt haben, so lag es daran, dass ich damit ihre Bedeutung hervorheben wollte. Die Erfahrung hat gezeigt, dass es zwischen den Rassen große unterschiedliche rassetypische und nicht einheitliche, Haushund typische Verhaltensweisen gibt. Jeder Hund hat ein individuelles Verhalten, welches überwiegend vom Erbgut abhängig ist, aber auch von der Umwelt geformt wird. Außerdem ist es mir ein wichtiges Anliegen, Tierfreunde davon zu überzeugen, dass an den Problemen, die zwischen Mensch und Hund bestehen können, nicht immer nur der Hundehalter Schuld ist; wie so oft behauptet wird.
Der größte Fehler liegt bei nicht durchgeführten Wesensbeurteilungen von Zuchthunden und den daraus folgenden Verpaarungen ungeeigneter Hunde, also beim Züchter und all denen, die für die Zucht Verantwortung tragen. Zu begrüßen ist, dass inzwischen die gezielte Zucht auf Aggressivität verboten wurde und auch, dass sich Politiker und Sachverständige über abnorme Rassestandards und Zuchtziele bei einigen Rassen Gedanken gemacht haben und daran arbeiten, Qualzüchtungen zu verbieten, was inzwischen auch erfolgt ist. Bisher leider nur mit mäßigem Erfolg. Vielleicht sind auch einige Leser enttäuscht, die bisher glaubten, dass aus jedem Welpen, der von problematischen Elterntieren abstammt, ein idealer Familienhund erzogen werden könne, vorausgesetzt, er wächst vom ersten Tag an unter optimalen Bedingungen auf und bekommt eine gute Erziehung. Eltern und Pädagogen würden bei der Kindererziehung bestätigen können, dass sich diese Erwartungen nicht immer erfüllen.

142

Zur Erinnerung soll noch einmal darauf hingewiesen werden, dass für die Entwicklung der Welpen eine reizvolle Umwelt, artgerechte Aufzucht, Haltung und Ernährung notwendig sind, damit die angeborenen Wesensgrundlagen nicht verkümmern, sondern sich in die gewünschte Richtung optimal entfalten können. Dies allein genügt jedoch nicht, wenn die Züchter die Erbanlagen der Eltern und Großeltern weiterhin außer Acht lassen und nur nach äußeren Merkmalen züchten, um auf Ausstellungen Preise zu erzielen.

Ziel dieser Abhandlung ist es, Welpen Käufer über die Zuchtziele und die Zuchtauswahl bei der Elo-Zucht zu informieren und ebenso auf die Folgen für Mensch und Hund hinzuweisen, wenn das Wesen außer Acht gelassen und nicht nach einem biologischen Standard gezüchtet wird. Gleichzeitig wollte ich auch auf die Erfolge in der Elo-Zucht hinweisen.

Meinen Ausführungen möchte ich eine Bitte an alle Elo-Besitzer anschließen: Um unsere Zuchtziele zu erreichen, benötigen wir Informationen über auftretende Erbkrankheiten und auch über problematische Wesensmerkmale aller Elo, um diese in der Zucht weiter zu berücksichtigen und in unser Zuchtprogramm eintragen zu können. Bei der Züchtung auf Langlebigkeit benötigen wir auch das Datum des Ablebens und die Todesursache: Selbstverständlich sind wir auch dankbar über Informationen von positiven Wesensbesonderheiten, damit wir diese, sofern sie vererbbar sind, auch züchterisch erhalten und als rassetypisches Merkmal heranzüchten können.

Züchterisch sollen Erbkrankheiten weggezüchtet werden, was wir in der EZFG bereits seit über 30 Jahren durchführen. Besonders wertvolle Merkmale, wie Langlebigkeit, außergewöhnliche Gelehrigkeit, interessante Farbmuster oder besonders interessante, angeborene Charakteranlagen sollen für die Nachwelt erhalten werden.

Um auch die Gelehrigkeit überprüfen zu können, haben wir schon vor Jahren einen Wesenstest entwickelt, und dieser wurde auch von Zeit zu Zeit aktualisiert. Dies alles können wir aber nur erreichen, wenn wir umfassend über interessante Beobachtungen und Erfahrungen sowie auch über Erkrankungen oder Probleme informiert werden.

Leider erfahren wir vieles zu spät oder nur durch Zufall, wenn z.B. nach dem Ableben ein neuer Elo angeschafft wird. Dann sind wir bereits einige Generationen weiter in der Zucht, ohne dass wir die möglicherweise vorhandene Erbkrankheit des verstorbenen Elo bei der weiteren Zuchtplanung hätten berücksichtigen oder betroffene Zuchttiere aus der Zucht herausnehmen können. Andererseits könnte es sein, dass ein besonders wertvoller Zuchthund aus Altersgründen nicht mehr bevorzugt in die Zucht genommen werden kann.

Um das Zuchtziel - Langlebigkeit - erblich zu festigen, wäre es der Zuchtleitung wichtig zu erfahren, ob es Hunde, insbesondere Zuchtrüden gibt, die ein Alter von über 16 Jahren erreicht haben und trotzdem noch bei bester Gesundheit und Vitalität sind, um mit ihren Nachkommen, so weit vorhanden, weiter zu züchten. Auf diese Weise wollen wir es gemeinsam schaffen, eine besonders wertvolle, erbgesunde, langlebige Rasse zu züchten, die vielleicht eines Tages als Familiengebrauchshund konkurrenzlos ist, wobei wir uns bewusst sind, dass dies noch ein langer Weg sein wird. Auch durch ungünstige Umweltbedingungen kann sowohl das Lebensalter wie auch das Wesen ungünstig beeinflusst werden. Wenn wir jedoch Rückmeldungen von mehreren Geschwistern oder Halbgeschwistern von verschiedenen Besitzern bekommen, dass in etwa die gleichen Probleme aufgetreten sind oder sich besonders interessante Eigenschaften zeigen, die nicht antrainiert wurden, so müssen wir davon ausgehen, dass es sich vermutlich auch um ein angeborenes vererbbares Merkmal handeln könnte.

Bisher sind noch nicht alle Zuchtziele verwirklicht, wir kommen ihnen jedoch von Generation zu Generation näher. Weil bisher in diesem Buch oft die Rede vom erblichen Einfluss auf das Verhalten war, möchte ich darauf hinweisen, dass auch das, was von kompetenten Fachleuten in Bezug auf Prägung, Erziehung und Sozialisierung geschrieben wurde, bei der Aufzucht eines Hundes zu beachten ist.

Erwünschte Eigenschaften sollte man durch Belohnung fördern und die unerwünschten durch Erziehung unterdrücken.

Die Verwirklichung aller angestrebten Zuchtziele bei der Züchtung des Elo kann nur dann verwirklicht werden, wenn es uns gelingt, zahlreiche Hundefreunde zu finden, die bereit sind, uns bei unserem begonnenen Vorhaben zu unterstützen. Je mehr Hundefreunde wir für unser Vorhaben gewinnen können, desto schneller kann das Zuchtziel erreicht werden. Je größer die Selektionsbasis, desto besser das Ergebnis.

Durch die gezielte Züchtung einer gegenüber Menschen und Tieren friedlichen Rasse möchten wir uns auch gleichzeitig für das Wohlergehen der Kinder, für die Erhaltung der freilebenden Tiere und auch für ein friedlicheres Zusammenleben zwischen Hundebesitzern und Nichthundebesitzern engagieren.

Dazu möchte ich aus dem schon einmal erwähnten Leitfaden für Wesensrichter von Eugen Seiferle und Emil Leonhardt, herausgegeben von der Schweizerischen Kynologischen Gesellschaft (SKG) einige Sätze von Seite 22 zitieren:

„... – wie das neuerdings bei gewissen Verhaltensforschern üblich geworden ist – unter Bagatellisierung der Erbanlagen in erster Linie auf die früheren Jugenderlebnisse zurückzuführen, ist ebenso falsch, wie die von Dr. Menzel und zunächst auch von mir und der ersten Wesenskommission vertretene Ansicht, das Wesensbild eines Hundes basiere in allererster Linie auf seinen angeborenen Trieben und Instinkten. Und wenn jetzt neuestens gar behauptet wird, die Wesensprüfung sei sinnlos, weil sich angeborene von erworbenen Wesenseigenschaften überhaupt nicht unterscheiden lassen, (z.B. Urs Ochsenknecht, 1977) dann ist damit der Kynologie sicherlich nicht gedient, weil so „das Kind gleich mit dem Bade ausgeschüttet" wird, bzw. alles beim Alten bleibt und man auf die Durchführung von Wesensprüfungen am besten gleich ganz verzichtet! Sicher ist das Unterscheiden von angeborenem und erworbenem Verhalten nicht immer leicht."

Die seit zwei Jahrzehnten durchgeführten Verhaltensvergleiche an zwei Rassen, die Verhaltensvergleiche verschiedener Mischlingsgruppen aus unterschiedlichen Rassen sowie die gezielte Züchtung der Rasse Elo bis über die zehnte Generation haben sehr deutlich den enormen erblichen Einfluss auf das Verhalten, sowohl bei Mischlingen wie auch innerhalb der Population, bestätigt. Auf Grund der erwähnten Erkenntnisse hoffen wir, alle Elo-Züchter sowie auch alle, die später noch hinzukommen werden, von der Notwendigkeit einer gründlichen Wesensbeurteilung und dem enormen Einfluss der Zuchtauswahl nach Charakteranlagen überzeugt zu haben.

Obwohl jedem Verhaltensforscher durch die Fachliteratur bekannt sein sollte, dass es neben dem Einfluss durch die Umwelt auch einen erblichen Einfluss auf das Verhalten gibt, wird dies, von wenigen Ausnahmen abgesehen, nicht zur Kenntnis genommen und Wesensbeurteilungen in Frage gestellt oder gar abgelehnt. Bei Auftreten von problematischem Verhalten wird dieses nur auf Erlebnisse insbesondere in der frühen Jugend zurückgeführt. Somit gibt es für die meisten Züchter auch keinen vernünftigen Grund, Problemhunde aus der Zucht zu nehmen.

So müssen wir damit rechnen, dass es bei der gesamten Rasse-Hundezucht, von Ausnahmen (wie z.B. Gebrauchshunden) abgesehen, von Generation zu Generation trotz verbesserter Umweltbedingungen und Erziehungsmaßnahmen keinen Rückgang von Verhaltensproblemen geben wird. Wenn mit aggressiven, hektischen oder überängstlichen Kläffern mit dem Hinweis auf die versäumte Erziehung weitergezüchtet wird, werden Maßnahmen zur frühen Prägung und auch Welpen Spieltage wenig bewirken.

Inzwischen geht man davon aus, dass auch katastrophale Aufzuchtbedingen im Welpenalter oder gravierende Erlebnisse der Mutterhündin einen Einfluss auf das Verhalten der Nachkommen haben sollen. Dies wird als EPI-Genetik bezeichnet. Das bedeutet, dass besonders schlechte Umweltbedingungen auch das Erbgut verändern können und sich dies auf die nächste Generation auswirken kann. Deshalb achtet die Zuchtleitung darauf, dass alle Züchter in der EZFG ihre Welpen artgerecht aufziehen.

Es kommt oft vor, dass der Besitzer eines Elo bei der Zuchtbeurteilung, sofern Mängel festgestellt werden, diese mit einer schlechten Erfahrung in Zusammenhang bringen. Hier müssen wir als Zuchtrichter darauf hinweisen, dass wir nur das beurteilen können, was wir während der Beurteilung sehen. Sofern ein ungünstiges Erlebnis in den letzten Wochen stattgefunden hat, gibt es die Möglichkeit, die Beurteilung bestimmter Wesensmerkmale zu verschieben. Bei mangelhafter Umwelterfahrung können zu beurteilende Hunde auch zurückgestellt werden.

Bei allem Erkenntnisfortschritt verdienen die Hundezüchter vergangener Jahrhunderte unsere Hochachtung. Es gelang ihnen, Rassen wie die Vorstehhunde, die Wild mit erhobener Pfote anzeigen aber nicht angreifen, oder Herdenschutzhunde, die bei der Herde bleiben und diese vor Angriffen von Wölfen beschützen aber nicht wildern und andere bemerkenswerte Leistungen erbringen, zu züchten. Es ist auch in den letzten Jahrzehnten gelungen, in der Blindenführhundezucht durch gezielte Zuchtauswahl die Verhaltensleistung enorm zu steigern.

Inzwischen hat sich auch der Elo dafür bewährt. Deshalb mein Appell an alle Hundezüchter und ihre Vereine, besonders an alle Elo-Züchter:

Lassen wir uns nicht durch Hundeexperten beirren, die uns einreden wollen, dass problematisches Verhalten nur oder überwiegend an der Umwelt und nicht auch am Erbgut läge; oder dass eine Wesensbeurteilung, wie geschildert, sinnlos sei, weil man erworbene Verhaltensweisen nicht von angeborenen Charakteranlagen unterscheiden könne.

Diese Argumentation hat uns nicht weitergebracht. Wenn Gemeinden, die ihre Bürger schützen wollen, rigorose Maßnahmen gegen bestimmte

Hunderassen und Leinenzwang durchsetzen, herrscht bei vielen Hundehaltern große Aufregung. Es wird höchste Zeit zum Umdenken, bevor die
letzten Gemeinden Leinenzwang einführen, in der Hoffnung, so mit den
Problemhunden besser fertig werden zu können.

Bei der Wesensbeurteilung müssen wir das Risiko eingehen, dass es
durchaus sein kann, dass ein angehender Züchter seinen gut veranlagten und wesensfesten Zuchthund, durch nicht artgerechte Haltung, im
Wesen ungünstig beeinflusst, beispielsweise durch Aufzucht in Isolation,
in einem kleinen, sterilen Zwinger ohne Kontakt zu Artgenossen und
ohne Umwelterfahrung. Dieser Hund wird später bei der Wesensbeurteilung, die in einer fremden Umgebung mit anderen Artgenossen
durchgeführt wird, ein verängstigtes, unsicheres Verhalten zeigen und
deshalb keine Zuchterlaubnis bekommen. Damit hätten wir möglicherweise in diesem geschilderten Fall einen, vom Erbgut geeigneten,
wesensfesten Hund von der Zucht ferngehalten, gleichzeitig aber auch
einen angehenden Züchter, der unfähig ist, die Ziele der EZFG e.V. zu
verfolgen. Leider sind gelegentlich auch Fehlurteile möglich. Dennoch
werden wir niemals auf eine Wesensbeurteilung der Zuchthunde verzichten. Deshalb gibt es für uns auch keinen vernünftigen Grund,
Wesensbeurteilungen infrage zu stellen; wohl aber, diese auszubauen,
zu prüfen, zu bewerten und zu verbessern. So kann die Qualität in der
Zucht gefestigt werden.

Und noch ein Hinweis in eigener Sache:
Derzeit benötige ich weitere Daten über die Vererbung von Charakteranlagen, um diese zu sammeln und neue Erkenntnisse daraus zu gewinnen. Andere Zeiten schaffen andere Bedürfnisse und die Ansprüche an
Hunde ändern sich ebenso. Es liegt an uns, dies zu erkennen und aktiv
mitzugestalten; zu unserem eigenen Wohl und zum Wohl der Hunde und
der anderen Tiere.
Letztendlich ist es mir bewusst, dass es den vollkommenen Hund nicht
geben wird, genauso wenig wie den vollkommenen Menschen.
An dieser Stelle soll auch nochmal darauf hingewiesen werden, dass
trotz gezielter Zuchtauswahl über viele Generationen auf Wesen und Erbgesundheit, Hunde zur Welt kommen können, die ein problematisches
Wesen haben oder von der Erbgesundheit Mängel aufweisen. Deshalb
gibt es auch keine Garantie bei der Anschaffung des Elo, dass keine
Mängel von der Erbgesundheit oder vom Wesen auftreten werden. In
vereinzelten Fällen gibt es auch noch Elo mit schwerer HD oder anderen

Mängeln. Doch insgesamt wird die Wahrscheinlichkeit von Generation zu Generation geringer.

Zum guten Schluss möchte ich, als Autor dieses Buches, Gründer der Elo® sowie Zuchtleiter der Elo®-Zucht auch auf leidvolle Erfahrungen hinweisen, da ich diese für ebenso nennenswert und wichtig erachte.

Wie bereits unter Kapitel 4.9 ff dieses Buches erwähnt, darf der marken-geschützte Elo, dementsprechend als Elo® bezeichnet, nur von Elo®-Züchtern gezüchtet werden, die Mitglied der EZFG sind und deren Auflagen erfüllen.
Dazu gehören u.a. der erfolgreiche Abschluss eines Züchtergrund-seminares und die Verpflichtung, sich in der Hundezucht weiterzubilden sowie die Überprüfung und Überwachung der jeweiligen Zuchtstätten. Alle Zucht-Elo, unabhängig von der Größe, werden von Zucht- und Wesensrichtern auf Wesen und Standard überprüft und die HD (Hüfte), PL (Kniescheibe) und Augen von Fachtierärzten auf Erbgesundheit untersucht. In jedem Zuchtverband kommt es vor, dass nicht nur geplante Verpaarungen stattfinden. Sofern sich versehentlich zwei Elo miteinander verpaaren und sie im Nachhinein alle Zuchtvorrausetzungen bestehen, können diese zu doppelter Ahnentafelgebühr auch Stamm-bäume bekommen. Aber es gab und gibt auch in der Elo®-Zucht vereinzelt Züchter, die den Elo® unter einem anderen Namen züchten oder ihre Elo-Hündin versehentlich oder bewusst mit einem ungeeigneten Elo-Rüden oder gelegentlich auch mit anderen Rassen verpaaren. Leider werden dann auch Versuche unternommen, diese Welpen unter dem Namen Elo® zu vermarkten. Bis wir, die Zuchtleitung, davon erfahren und den Markenschutzanwalt eingeschaltet haben, sind die ersten Welpen mitunter schon vergeben. Deshalb hier nochmal eine Bitte an alle Elo-Interessenten. Überzeugen Sie sich bitte, dass der Züchter auch Mitglied in der EZFG ist und für die Welpen eine EZFG Ahnentafel vorweisen kann. Hierzu ist noch anzumerken, dass alle Elo-Züchter auf der EZFG Homepage unter Zucht bzw. in der Züchterliste zu finden sind.

Von Zeit zu Zeit muss ich leider erfahren, dass einzelne ehemalige Elo-Züchter oder auch ganze Gruppen den Elo unter einem neuen Namen züchten und einige diesen Namen auch markenrechtlich haben schützen lassen. Diese Nachkommen von Elo werden dann nach anderen Kriterien innerhalb einer kleinen Gruppe gezüchtet.

Ich möchte alle Hundeliebhaber darauf hinweisen, dass in einer kleinen Gruppe nur eine sehr begrenzte Zuchtauswahl mit geeigneten Rüden für die zu verpaarenden Hündinnen zur Verfügung stehen, sodass deren Welpen Käufer nicht die gewohnte Elo-Qualität bekommen werden, die sie aufgrund der umfangreichen EZFG-Zuchtauswahl sowie den strengen EZFG-Zuchtkriterien bei Elo®-Züchtern bekommen würden.

Die meisten EZFG-Züchter weisen deshalb verstärkt auf ihren Home-pages darauf hin, dass sie markenrechtlich geschützte Elo verpaaren, deren Welpen eine EZFG-Ahnentafel besitzen, und dass sie stolz sind, das Elo-Projekt unterstützen zu dürfen. Zu erwähnen ist auch noch, dass es auch Einzelpersonen gibt, die vermutlich Elo-Nachkommen vermehren und dann damit werben, dass diese von Elo abstammen. Auch hier handelt es sich nicht um Elo®, die von geprüften Zuchthunden abstammen, sondern um Mischlingshunde aus Elo-Nachkommen.

Da das friedliche Verhalten der Elo-Hunde letztendlich auch den Menschen, anderen Artgenossen und somit auch anderen Tierarten zu Gute kommt, würde es mich besonders freuen, wenn zukünftig alle Elo®-Züchter bestrebt wären, gemeinsam die gesetzten Zuchtziele in unserer Elo Zucht- und Forschungsgemeinschaft, der EZFG e.V., zu erreichen und umzusetzen.

10.   Anhang

Bei der Elo-Zucht standen ein biologisch sinnvoller Standard und die Erbgesundheit im Vordergrund. Insofern wollten wir von Anfang an beim Aufbau der Elo-Zucht die Fehler vermeiden, die man bei der Zucht einiger anderer Rassen gemacht hat.

Als Orientierungshilfe diente uns auch die Broschüre des Deutschen Tierschutzbundes e.V., Info H 17 Stand 1/91.

Unter anderem haben wir von Anfang an festgelegt, dass Elo, sofern ein Merle-Faktor auftritt, für die Zucht nicht zugelassen sind. Der Merle-Faktor ist bisher noch nicht beobachtet worden, jedoch sind bei der Geburt vereinzelt rein weiße Welpen zur Welt gekommen, die sich später rötlich umgefärbt haben. Später zeigte sich, dass die rein weißen Elo oft auch Pigmentmängel hatten. Insofern werden diese inzwischen von der Zucht ausgeschlossen.

Um den Elo an seinem äußeren Erscheinungsbild deutlich von anderen Rassen zu unterscheiden, werden ab 01.01.2020 keine einfarbigen Elo mehr für die Zucht zugelassen. So hoffen wir, das angestrebte Zuchtziel einer Bobtail-ähnlichen Zeichnung, vorne überwiegend weiß, hinten rot-schwarz oder grau, zu erreichen.

Wie vom Deutschen Tierschutzbund empfohlen wurde, haben wir alle Elo mit Entropium (Rolllidern) aus der Zucht ausgeschlossen und Linien, wo dies vorgekommen ist, mit freien Linien verpaart.

Was die HD anbetrifft, haben wir, nachdem die Zuchtbasis groß genug war, alle Elo ab leichter HD von der Zucht ausgeschlossen, so dass wir nur noch mit HD-A und HD-B züchten. Danach haben sich die Ergebnisse von Generation zu Generation verbessert, so dass wir inzwischen überwiegend Elo mit HD-A haben.

Auch was die Größe beim Elo anbetrifft, haben wir Extreme vermieden. Insofern haben wir eine Größe von 35cm bis 60cm festgelegt, wobei der Klein-Elo von 35cm – 45cm und der Groß-Elo von 46cm – 60cm hoch wird. Der Elo sollte nicht kleiner als 30cm sein, ebenso auch nicht wesentlich größer als 60cm.

10.1   Qualzucht: Zielgerichtete Lebenseinschränkung von Tieren

Zum Thema Qualzucht in Bezug auf Wesen und Verhalten sowie „übersteigerte Aggressivität" nehmen der deutsche Tierschutzbund im Info-Heft 17 (Stand 1/91) und ebenso u.a. auch Frau Dorit Feddersen-Petersen in ihrem Buch „Hundepsychologie" Stellung.

Demnach gibt es leider bestimmte Linien in einigen Rassen, in denen versäumt wurde, auf ein intaktes Sozialverhalten zu selektieren und in denen mit problematischen, insbesondere überaggressiven Hunden gezüchtet wurde. So gibt es Beobachtungen bei bestimmten Rassen, bei denen das intakte Sozialverhalten verloren gegangen ist, indem sie z.B. ein gestörtes Verpaarungsverhalten zeigen. Es kann vorkommen, dass die Hündin den Rüden angreift und es zum Kampf kommt.

Ebenso wird darauf hingewiesen, dass die Mutterhündin, statt Brutpflege zu zeigen, insbesondere bei Angst und Schmerzensschreien der Welpen, mit Aggressivität reagieren kann. Deshalb muss die Mutterhündin oft auch einen Maulkorb tragen.

Auf Belecken der Mundwinkel durch Welpen reagiert die Mutterhündin nicht mehr mit Futtervorwürgen.

Bei den Welpen kann schon sehr früh ein aggressives Verhalten unter den Geschwistern auftreten, sodass diese im Alter von 8 - 12 Wochen aus dem Verband der Geschwister entfernt werden müssen.

In der Fachliteratur wird auch darauf hingewiesen, dass einige Rassen, wie z.B. Schoßhunde, eine krankhafte Abhängigkeit zum Menschen zeigen, indem sie unter Stress geraten, wenn sie vorübergehend alleine bleiben müssen.

Dies sind ein paar Beispiele, die zeigen wie wichtig es doch ist, dass bei allen Rassen eine Zuchtauswahl auf Wesen erfolgen sollte, so wie wir dies schon beim Elo von Anfang an praktiziert haben. Am Anfang wurden die besonders problematischen Hunde aus der Zucht genommen. Später, als die Zuchtbasis allmählich größer und auch ein Wesenstest erarbeitet wurde, mussten auch weitere Zuchtrichter ausgebildet werden, so dass wir uns nach und nach bemüht haben die Wesensbeurteilung zu verbessern.

Nach dem Lesen der bereits erwähnten Fachbücher und Zeitschriften fühlte ich mich vor vielen Jahren ermutigt das schon begonnene Elo-Zuchtprogramm nach biologisch sinnvollem Standard trotz großer Schwierigkeiten und Ablehnung, auch im Interesse der Hundefreunde und der Hunde auf jeden Fall weiter fortzuführen.

Aus den zahlreichen Artikeln wird wieder einmal mehr ersichtlich, welchen Einfluss die Züchter und ihre Verbände auf einen biologisch sinnvollen Standard, auf die Erbgesundheit, aber auch auf das Verhalten des Hundes haben.

Entwicklung der Beurteilung auf Wesen, Erbgesundheit und Standard

Als wir noch in unmittelbarer Nähe des Zoos wohnten, war es uns wichtig, dass unsere Hunde möglichst wenig die Zoobesucher durch Bellen stören. Deshalb mussten alle bellfreudigen Hunde aus der Zucht ausscheiden. Da die Hunde im Rudel im kleinen Garten tagsüber ihren Auslauf hatten, mussten sie sich mit Artgenossen verstehen. Wenn ein Hund unverträglich war, musste er ebenfalls von der Zucht ausgeschlossen werden.

Da wir die Hunde abends in dem nahegelegenen Stadtwald in einer Gruppe von 6 Hunden ausführten, sollten die Hunde möglichst nicht wildern. Deshalb haben wir auf Desinteresse am Jagen und Wildern ebenfalls, soweit es möglich war, eine Zuchtauswahl getroffen.

Im Laufe der Jahre gab es noch weitere Elo-Züchter, so dass wir auch nach und nach die Wesensbeurteilung weiter ausgebaut haben. Auch wurde das äußere Erscheinungsbild nach sinnvollen Kriterien festgelegt. Ebenso wurden von Anfang an auch die tierärztlichen Untersuchungen durchgeführt. Zunächst haben wir festgelegt, dass Hüftgelenke (HD) und Kniescheiben (PL) untersucht werden mussten. Alle Hunde mit lockeren Kniescheiben und mittlerer und schwerer HD mussten von der Zucht ausscheiden. Als die Zuchtbasis größer war, mussten auch Elo mit leichter HD von der Zucht ausscheiden.

Was die Augenuntersuchung anbetrifft, haben wir erst viele Jahre später zur Kenntnis genommen, dass es beim Elo gelegentlich ebenfalls Probleme mit den Augen geben kann. Deshalb wurde eine Untersuchung der Augen vorgeschrieben.

Jahre später wurde auch mit der Ausbildung von Zucht- und Wesensrichtern begonnen und für alle angehenden Elo-Züchter zur Pflicht gemacht, dass sie auch ein Züchtergrundseminar besuchen müssen.

10.2   Ein Leserbrief, der zum Weitermachen ermutigt

In der Zeitschrift „Der Hund" vom Oktober 1993 hatte ich die Gelegenheit, einen Bericht über das Thema „Kann Kinderfreundlichkeit angezüchtet werden?" zu veröffentlichen. Daraufhin wurde einige Zeit später in der gleichen Zeitschrift der folgende Leserbrief veröffentlicht, der mir Mut machte, mit der Zucht weiterzumachen. Ich möchte daher den Brief der Leserin noch einmal zur Kenntnis geben.

Leserbrief zum Thema:

„Kann Kinderfreundlichkeit angezüchtet werden?" („Der Hund" Heft 10/93): „Ich bewundere den Mut und das Durchhaltevermögen des Herrn Szobries, trotz Zurücksetzung in kynologischen Fachkreisen, an seinem Projekt Elo festzuhalten! Es ist einfach unglaublich: da opfert ein Mann in Deutschland sein Vermögen und investiert seine gesamte Freizeit in ein Züchtungsprogramm, das wegweisend ist für die gesamte Hundezucht der Welt! In letzter Konsequenz hieße die Übertragung der Forschungs-ergebnisse des Projektes Elo auf alle anderen Rassen nämlich Vermei-dung vielfältiger Probleme, die heute im Umgang mit Hunden gang und gäbe sind:

* im Umgang mit Kindern weniger schwere Unfälle
* weniger familiäre Probleme, da der Hund sich gut einordnet
* weniger Streit der Nachbarn untereinander, weil der Hund kaum bellt und keine aggressiven Ambitionen hat
* da die Tiere auf gutes Sozialverhalten selektiert und auch artgerecht beim Züchter gehalten werden, gibt es später keine Raufereien unter den Hunden bei Begegnungen auf der Straße
* und damit kommen sich die Menschen näher, der Hund „funktioniert" als soziale Brücke
* Entlastung der Tierheime, weil weniger Hunde wegen Verhaltens-störungen abgegeben werden
* weniger erschossene und überfahrene Hunde (Unfallgefahr für den Menschen), weil der Hund nicht jagt
* kaum nervenaufreibende Spaziergänge mit dem Hund, sondern ein fröhliches entspanntes Miteinander, weil der Hund nicht daran denkt, Jogger, Radfahrer, Autos, andere Hunde oder Kaninchen zu verfolgen
* in Hundepensionen brauchen die Tiere nicht in Einzelhaft gehalten zu werden, Rudelhaltung ist psychisch gesünder für die Tiere

- weniger monetäre Belastung des Hundehalters durch teure Ausbildung, die die Verhaltensstörung nur zeitweise überdeckt, weniger Tierarztkosten, kaum Hundefriseurkosten.

Durch die Zucht des Elo, die nach dem Vorbild der Blindenführhunde-zucht aufgebaut wird, wird die Spreu vom Weizen getrennt: Modehunde-züchter werden empört aufschreien. Hobby-Hundezüchter, denen es um das Wohl ihrer Tiere geht, müssten Herrn Szobries dagegen seine For-schungsergebnisse begeistert aus den Händen reißen. Nachdem ich mich von seinen Forschungsergebnissen durch einen Besuch bei ihm überzeugen konnte, werde ich mich an dem Forschungsprojekt beteiligen und sobald als möglich selbst den Elo züchten." (Kerstin Dietrich, Borg-holzhausen)

Gewiss wird man nicht alle Probleme durch gezielte Zuchtauswahl lösen können, weil natürlich auch der Hundehalter seinen Beitrag durch artge-rechte Haltung und Erziehung leisten muss. Inzwischen haben wir nach über 30 jähriger Elo-Zucht gemeinsam mit den engagierten Züchtern, ge-nügend Zuchttiere, um auf der Grundlage einer breiten Selektionsbasis eine strenge züchterische Auswahl nach zahlreichen Verhaltensmerk-malen führen zu können. Wir, die Zuchtleitung und Begründer der Rasse Elo, haben erkennen müssen, dass die Beurteilung des Wesens sehr zeitaufwendig ist. Außerdem ist es schwer, gegen den Strom einflussrei-cher Hundezüchter und deren Lobby zu schwimmen. Um unsere noch nicht ganz abgeschlossene Zucht- und Forschungsarbeit auch in abseh-barer Zeit verwirklichen zu können, benötigen wir kontinuierlich weitere engagierte Züchter aber auch Elo-Welpen-Interessenten, die bereit sind, das Begonnene fortzusetzen. So hoffen wir, mit diesen Bemühungen die Feindschaft gegenüber Hunden abzubauen, weil diese in der Regel nur entsteht, wo Menschen durch das Verhalten der Hunde, wie z.B. ständiges lautes Bellen oder Anspringen belästigt werden, oder wenn gar Angriffe auf friedfertige Menschen oder Kinder (Radfahrer, weglaufende Kinder oder Jogger) stattfinden.

10.3 Vom Tierpfleger und Hobbyhundezüchter zum Verhaltensforscher

Als Zootierpfleger hat man nicht nur mit der Pflege von Tieren sondern auch viel mit dem Verhalten der einzelnen Tierarten zu tun, so auch mit dem Stammvater aller Hunderassen, dem Wolf. Erst, nachdem ich

- über 30 Jahre praktische Erfahrungen im Umgang mit Haus- und Wildtieren gesammelt hatte,
- über 30 Jahre Rassehunde gezüchtet hatte,
- vergleichend das Verhalten von verschiedenen Rassehunden beobachtet hatte, und
- mich intensiv mit dem Studium der Fachliteratur beschäftigt hatte,

glaubte ich, genügend Fachwissen zu haben, um mich der sehr schwierigen Materie der Verhaltensforschung, insbesondere Vererbung von Charakteranlagen, in Zusammenarbeit mit Fachleuten zuwenden zu können.

Obwohl Hunde zu den verbreitetsten Haustieren gehören und Verhaltensmerkmale von Hunden für die Halter von erheblicher Bedeutung sind, gibt es wenig systematische Untersuchungen über die Vererbung einzelner Charakteranlagen. Ebenso gibt es nur sehr wenige Verhaltensvergleiche zwischen einzelnen Rassen, außer bei Groß-Pudeln sowie Kreuzung zwischen Wolf und Groß-Pudel. Die Ursache mag in den Umständen zu suchen sein, dass die meisten Hunderassen bei den Züchtern getrennt von anderen Rassen gehalten werden und oft auch nur in sehr kleinen Gruppen, somit keine Vergleichsmöglichkeiten bestehen. Zum anderen gibt es keine standardisierten Umweltbedingungen, so dass Vergleiche zwischen den einzelnen Rassen kaum möglich sind. Die ersten wissenschaftlichen Erkenntnisse wurden immerhin schon vor ca. 50 Jahren gesammelt. Danach sind auch einige Bücher zu diesem Thema erschienen. Trotzdem wurden diese Erkenntnisse bis heute bedauerlicherweise kaum beachtet.

Mit dem Elo-Zuchtprogramm versuche ich zusammen mit der Zuchtleitung in der EZFG angewandte Haustierverhaltensforschung zu betreiben. Mit der Veröffentlichung meiner Beobachtungen und Ergebnisse möchte ich nicht nur zu gezielten Verhaltensbeobachtungen, sondern auch zum Umdenken in der Hundezucht anregen, soweit es den Familiengebrauchshund betrifft.

Vor allem habe ich auf die sehr schwierige und noch wenig erforschte Frage über Vererbung von Charakteranlagen bei Hunden neue Erkenntnisse gesammelt, bzw. bin noch dabei herauszufinden, wie sich der Erbgang einzelner Charakteranlagen vollzieht. Dieses Thema wird mich vermutlich, sofern nicht Unvorhergesehenes geschieht, auch weiterhin beschäftigen. Sobald die ersten Ergebnisse vorlagen, habe ich mich bemüht, diese in der praktischen Elo-Zucht umzusetzen. Dabei bin ich zu der Erkenntnis gekommen, dass sich die Vererbung von Charakteranlagen nicht immer schon in der ersten Generation bemerkbar macht. Insofern ist es notwendig, dass man beispielsweise Hunde mit keinem oder nur geringem Jagdtrieb miteinander über mehrere Generationen verpaart. Erst dann werden Erfolge sichtbar werden.

Es ist schon großer Enthusiasmus nötig, um das Projekt Elo durchzuhalten. Viele Fachleute haben mein Vorhaben kritisiert und meine fehlende Qualifikation beanstandet. Gleichzeitig wird über Fehlentwicklungen in der Hundezucht und -haltung polemisiert. Ein überzeugendes Konzept, wie man es besser machen könnte, gab es nur vereinzelt, wie zum Beispiel in der Blindeführhundezucht in der Schweiz. Deshalb haben wir es im Elo-Zuchtprogramm erarbeitet.

Begonnen hat das Elo-Projekt im Jahre 1987, nachdem wir, die Begründer der Rasse Elo und des Vereins Elo Zucht- und Forschungsgemeinschaft, EZFG e.V., die beiden Rassen Bobtail und Eurasier, über viele Jahre vergleichend beobachtet hatten. Zwischen den einzelnen Rassen konnten enorme Verhaltensunterschiede festgestellt werden, obwohl sie unter gleichen Umweltbedingungen gehalten und von den gleichen Menschen betreut wurden. Außerdem lagen uns auch Beobachtungen über Vererbung von einzelnen Wesensbesonderheiten innerhalb einer Rasse vor. Daraus entstand die Idee, die positiven Merkmale des Äußeren und vor allem des Wesens züchterisch durch die Elo Zucht zu fördern und in einer neuen Rasse zusammenzuführen. Insbesondere sollten die für einen Familienhund in der heutigen Zeit erwünschten Eigenschaften von zwei besonders interessanten Hunden, einmal der Eurasier Hündin Anka, die völliges Desinteresse am Jagen und Wildern hatte, sowie der Bobtail Hündin Quietschtier, die ein besonders robustes und belastbares Wesen hatte, erhalten bleiben. Gleichzeitig sahen wir die Verpflichtung zu weiteren Langzeitbeobachtungen und Forschungsarbeiten, zum Wohle des Hundes und des Menschen.

156

Die wichtigsten Zucht- und Forschungsarbeiten sind unter anderem folgende:

1. Der Fragestellung nachzugehen: Welche Verhaltensmerkmale sind bei Hunden überwiegend angeboren und vererbbar?
2. Wie ist der Erbgang einzelner Verhaltensmerkmale, z.B. kindergeeignetes Verhalten, Desinteresse am Jagen und Wildern oder akustisches Ausdrucksverhalten, wie wenig mit leiser Stimme bellen?
3. Das Anzüchten von kindergeeignetem Verhalten bzw. von Merkmalen, die das Zusammenleben mit Kleinkindern problemloser machen.
4. Erfahrungen über das Wegzüchten von rassetypischen Deformationen des Pekinesen durch Einkreuzung von Urhundtyp ähnlichen Rassen zu sammeln.
5. Die gewonnenen Erkenntnisse in der praktischen Hundezucht nach den Bedürfnissen des Hundes und des Menschen, der einen Hund mit einem intakten Sozialverhalten und positiven Wesensmerkmalen sucht, umzusetzen, damit der Elo als idealer Gesellschafts- und Familiengebrauchshund bekannt wird.

Um dies zu erreichen, mussten zum Teil neue Testmethoden erarbeitet und erprobt werden. Hundefreunde, die an diesem Vorhaben Interesse haben und mitwirken möchten, melden sich bitte bei der Elo Zucht- und Forschungsgemeinschaft, EZFG e.V. oder bei uns.

Näheres dazu im Internet unter: **www.ezfg.de**

10.4 Ein kleiner Beitrag für den Umweltschutz in der kleinen Oase

Nach dem Kauf des 17.000qm großen Grundstückes haben wir uns bemüht, neben der Hundezucht auch einen kleinen Beitrag für den Umweltschutz zu leisten. Da unser Grundstück weit weg von der Kanalisation war, gab es die Auflage, eine eigene Kläranlage, bestehend aus 4 Teichen, anzulegen. Bei der Gelegenheit haben wir auch einen größeren Teich für Amphibien und Futterfische usw. für Vögel angelegt. Bereits im nächsten Frühjahr haben die ersten Frösche abgelaicht. Auch die ersten Molche konnten beobachtet werden. Daneben aber auch zahlreiche Insekten, wie z.B. Libellen, Hummeln, Wespen und Hornissen usw. Die Hornissen haben zum Teil die Nistkästen der Vögel besetzt. In die Teiche wurden auch zahlreiche kleinbleibende Fische eingesetzt. So war es auch erfreulich, dass ein paar Jahre später ein paar Eisvögel beim Fische fangen beobachtet werden konnten.

Ein paar Jahre später war das Ufer der Teiche bewachsen, so dass sie aussahen wie Naturteiche mit blühenden Seerosen. Da es auf der Wasseroberfläche zahlreiche Wasserpflanzen gab, dauerte es nicht lange bis sich auch die ersten Schwalben zeigten. Vor ein paar Jahren konnte man bei der Abenddämmerung die ersten Fledermäuse beobachten. Von Anfang an haben wir auch verschiedene Nistkästen für verschiedene Singvögel, Eulen usw. angebracht.

Um die Umzäunung zu verdecken wurde um das gesamte Grundstück eine Hecke angelegt. Dies bot auch für zahlreiche Vögel weitere Brutmöglichkeiten, gleichzeitig aber auch einen Sichtschutz. Darüber hinaus konnte dadurch auch weitestgehend verhindert werden, dass von den angrenzenden landwirtschaftlichen Ackerflächen bei Einsatz von Chemie diese auf unser Grundstück, auf dem auch die Hunde Freilauf haben, herüberwehte.

Es wurden auch Wildkräuterwiesen angelegt. Was Brennnesseln anbetrifft, haben sich diese massenhaft vermehrt. Damit auch noch genügend Platz für die Wildkräuter ist, haben wir die Brennnesseln an bestimmten Stellen mit der Hacke entfernt. Auf dem gesamten Grundstück wurde niemals zur Bekämpfung von Schädlingen, Unkräutern oder Pilzen Chemie eingesetzt. So wurde auch neben dem Zuchtziel, eine Hunderasse zu züchten, die weder übermäßig viel kläffen noch wildern sollte, auch ein Beitrag für die Umwelt geleistet.

10.5 Die Elo Zucht- und Forschungsgemeinschaft, EZFG e.V. stellt sich vor

Vereinsname: Die Elo Zucht- und Forschungsgemeinschaft, EZFG, ist ein eingetragener Verein

Gründungsdatum: Der Verein wurde am 25.09.1993 gegründet. Als Basis diente die am 22.03.1989 gegründete Zuchtgemeinschaft für Eloschaboro, denn der Elo hieß ursprünglich Eloschaboro.

Ziele des Vereins: Fortsetzung und Förderung der von den Rassebegründern Heinz und Marita Szobries begonnenen und geleisteten Zucht- und Forschungsarbeit der Hunderasse „Elo" unter der Beachtung des Marken – und Tierschutzes. Pflege des Hundewesens, der Erbgesundheit und Kontrolle der Rassekriterien des „Elo" im Rahmen der jeweils gültigen Zuchtordnung.

Diese Ziele sollen durch die Gewinnung neuer Erkenntnisse in folgenden Bereichen erreicht werden:

- Vererbung von Charakteranlagen
- Erarbeitung neuer Prüfungsmethoden zur Beurteilung von Wesensmerkmalen
- Wegzüchtung von Deformationen und Erbkrankheiten
- Einhaltung des Tierschutzes und artgerechte Hundehaltung
- Umsetzung gewonnener Erkenntnisse in der Zucht der Hunderasse „Elo"
- Publikation der gewonnenen Erkenntnisse für die Allgemeinheit
- fachliche Beratung aller Vereinsmitglieder bezüglich des Hundewesens
- Führung der Zuchtbuchstelle durch die Zuchtleitung der EZFG e.V.

Die Mitglieder des Vereins sind:
- Hundehalter (Stimmrecht in der Mitgliederversammlung)
- Züchter (Stimmrecht in der Züchterversammlung)
- Ehren - und Fördermitglieder (Stimmrecht in der Mitgliederversammlung)

Vorstand:
Der Vorstand besteht aus 9 Personen und ist für alle Angelegenheiten des Vereins, außer für die rein züchterischen Belange, zuständig.

Züchterversammlung:

Die Züchterversammlung ist die Mitgliederversammlung der Züchter und findet zweimal jährlich statt. Die Züchter können alle zuchtspezifischen Angelegenheiten beschließen.

Zuchtleitung:

Die Zuchtleitung bestand ursprünglich aus 3 Personen, inzwischen ist noch der Vertreter der Deckrüden Besitzer dazu gekommen, und somit besteht sie jetzt aus 4 Personen. Sie überwacht die Einhaltung der Zuchtordnung. Ihr obliegt die Wahl der Zuchtrichter und -warte, deren Ausbildung und Überwachung, sie beurteilt die angehenden Zuchthunde. Sie erstellt eine Richterordnung und überwacht diese.

Die Zuchtleitung führt das Zuchtbuch und stellt die Ahnentafeln aus. Die Grundlagen zur Zucht sind in der Zucht- und Körordnung der EZFG e.V. geregelt.

10.6   Elo-Nothilfe e.V.

Neben der Elo Zucht- und Forschungsgemeinschaft gibt es einen weiteren Verein, der sich für den Elo engagiert, die Elo-Nothilfe e.V. www.elonothilfe.eu Dieser Verein ist gemeinnützig und hat sich zum Ziel gesetzt, in Not geratenen Elo zu helfen, sei es durch medizinische Versorgung oder familiäre Betreuung.

Wir bitten um Ihre Unterstützung durch Spenden oder Ihre Mitgliedschaft. Eine Spendenbescheinigung kann ausgestellt werden.

10.7   Angebote der EZFG

Jährlich werden zwei „Elo-Treffen" veranstaltet.

Hier treffen sich die Elo-Besitzer mit ihren Elo. In den ersten Jahren nach der Gründung konnte man oft noch Elo der ersten Generation bis hin zum durchgezüchteten Elo, der dem angestrebten Standard entsprach, treffen. Da wir zwischenzeitlich auch immer wieder Elo mit Hunden aus den Ausgangsrassen, wie dem Eurasier, dem Spitz und dem Bobtail verpaart haben, kann man auch heute gelegentlich noch Elo der ersten und zweiten Generation beobachten und so die Entstehungsgeschichte des Elo optisch verfolgen.

Zweimal jährlich wird unsere Vereinszeitschrift „Elo-Post" verschickt, in welcher die Mitglieder über neue Erkenntnisse aus der Verhaltensforschung, über Zuchtfortschritte und Themen der Hundehaltung informiert werden.

Mit der Elo-Post wird auch das Protokoll der Züchterversammlung versandt. Bei den Elo-Treffen wurden in den ersten Jahren morgens gemeinsame Spaziergänge mit bis zu 100 Teilnehmern mit ihren Elo durchgeführt. In den letzten Jahren mussten wir leider feststellen, dass an diesen Spaziergängen immer weniger Interesse bestand, sodass diese eingestellt wurden. Heute findet ein umfangreiches Programm mit Kindermalwettbewerb, Elo-Rennen, Vorstellung der Elo in Gruppen und einzelnen Zuchtstätten, Wahl der schönsten Elo und einiges mehr statt. Es lohnt sich also, bei uns Mitglied zu werden!

Inzwischen haben sich auch in einigen Regionen Gruppen gebildet, die regelmäßig mit ihren Elo Spaziergänge durchführen. An ihnen können auch Elo-Interessierte teilnehmen.

Bei den Elo-Treffen finden freitags und samstags Seminare zu Hunde-Themen statt. Diese dienen der Fortbildung aller Interessierten, insbesondere der ZüchterInnen.

Es werden auch kommentierte Wesensbeurteilungen vorgenommen, um so den Besuchern die Beurteilungen im Wesen wie auch vom Äußeren zu demonstrieren.

Da die Nachfrage nach Urlaubsunterkünften wächst, haben sich einige Mitglieder bereit erklärt, vorübergehend fremde Elo während der Urlaubszeit aufzunehmen.

Wir würden uns freuen, wenn wir Sie als Mitglied gewinnen könnten und Sie unsere Ziele unterstützen würden. Sie sind aber auch als Besucher unserer Elo-Treffen herzlich willkommen.

Wichtiger Hinweis:

Alle paar Jahre gibt es in der EZFG einzelne Personen oder auch Gruppen, die sich von der EZFG abspalten. Während einige Züchter abweichende Zuchtkriterien in den Vordergrund stellen, wollen andere aus kommerziellem Interesse Elo-Nachkommen lediglich vermehren und bei den Welpen Interessenten den Eindruck erwecken, dass es sich um Elo-Welpen handeln würde. Aus diesem Grunde möchten wir hier nochmals darauf hinweisen, dass es den Elo nur in der EZFG mit einer original von der EZFG ausgestellten Ahnentafel gibt.

10.8 Das Elo®-Zuchtprogramm
Ausgangspunkt

In den ersten Jahren nach Beginn der Elo-Zucht gab es noch kein Zuchtprogramm. Um Inzucht zu verhindern, haben wir uns vor der Verpaarung die Stammbäume angeschaut, auf denen drei Generationen eingetragen waren, um danach zu entscheiden, welcher von den wenigen vorhandenen Rüden am besten zu der Hündin passt.

Mit der fortschreitenden Entwicklung des Elo seit 1987 wurde die Arbeit in der Zuchtleitung immer umfangreicher. Immer mehr Hunde wurden im gleichen Zeitraum geboren. Folglich stieg auch der Verwaltungsaufwand an. Die Zuchtleitung, die ursprünglich nur aus uns, der Familie Szobries bestand, wurde auf drei Personen erweitert und um einen Vorstand ergänzt. Später kamen deutschlandweit noch einige Helfer hinzu. Eine Elo-Züchterin, die sich mit dem Thema Zucht auskannte, hat sich eine CD zwecks Auswahl der geeigneten Partner für die Zucht angeschafft. Mit Hilfe der CD hat sich die Auswahl erheblich verbessert.

Zur Verarbeitung der Informationen war es notwendig, dass alle ankommenden Daten per Telefon, e-Mail oder Fax an die jeweiligen Beauftragten weitergegeben wurden. Jeder von ihnen bearbeitete mit seiner speziellen Software die jeweiligen Teilergebnisse und schickte diese an die Ausgangsperson zurück. Daraus ergab sich ein riesiger Aufwand für alle Beteiligten, so zum Beispiel, wenn ein Rüde für einen Züchter genehmigt werden musste. Probleme entstanden, da jeder Beauftragte seinen eigenen Datenbestand allein verwaltete und kein Abgleich erfolgte. Informationen lagen teilweise nur lückenhaft vor. Die Folge daraus war, dass die Zuchtauswahl nur begrenzt kontrolliert werden konnte.

Entwicklung der Software

Um dieses Problem zu beheben, entwickelte 2009 ein Elo-Züchter, der auch Computerfachmann war, ein Programm, in dem alle vorliegenden Daten zu einer gemeinsamen Datenbank zusammengefasst wurden und gemeinsam in einer Software verwaltet werden konnten. Die in Microsoft Works abgelegten Ahnentafeln aller Elo® wurden zu einem einzigen Stammbaum umstrukturiert. Diese Datenbank bildete die Grundlage des Elo®-Informations-Systems, kurz EIS genannt. Durch die Möglichkeit, allein mit Hilfe eines Browsers alle Daten verwalten zu können, war das EIS unabhängig von irgendwelchen Computerplattformen. Diese neue Arbeitsweise hatte der Zuchtleitung eine enorme Arbeitserleichterung gebracht. Alle Daten mussten nur noch einmal erfasst werden. Umfangreiche statistische Auswertungen, die jederzeit aktuell neu erstellt werden konnten, lieferten wichtige Aussagen über die Erbgesundheit und die Entwicklung der Rasse Elo. So konnten alle wichtigen Daten, wie bspw.

HD-Ergebnisse und Krankheiten, sowie Bilder der Zuchthunde und alle Vorfahren der Elo-Zucht abgespeichert und schnell abgerufen werden. Es ließen sich sehr leicht Zuchtlinien erkennen, in denen vererbte Krankheiten auftraten. Ebenso konnte man die Inzucht berechnen, um so den Inzuchtkoeffizienten und den Ahnenverlustkoeffizienten zu optimieren.

Eine weitere zentrale Funktion war die Berechnung von Zuchtrüden für eine läufige Zuchthündin nach einem Punktesystem.

In den ersten Jahrzehnten begrenzte sich die Zuchtauswahl in erster Linie auf Vermeidung von Inzucht und Erbkrankheiten. Bei der Auswahl wurden zusätzlich noch manuell die wichtigsten Wesenseigenschaften berücksichtigt.

Durch das Hinterlegen von Bildern im EIS konnte die Farbentwicklung der Zucht-Hunde über alle Generationen hinweg verfolgt werden. Dadurch konnten wir feststellen, dass sich das Einfarbige gegenüber dem Zweifarbigen durchsetzt und das Schwarze sich dominanter als das Rotbraune vererbt. Dem möchte die Zuchtleitung zukünftig entgegensteuern, damit sich der Elo vom einfarbigen Eurasier deutlich abhebt. Nachdem die Zuchtbasis groß genug ist, hat sich die Zuchtleitung deshalb bemüht, die Elo-Züchter davon zu überzeugen, dem äußeren Erscheinungsbild, neben der Erbgesundheit und dem Wesen, die gleiche Beachtung zu schenken. Ziel dabei ist, dass sich der Elo von anderen Rassen, insbesondere von einer der Ausgangsrassen, dem Eurasier, der dem Elo sehr ähnlich sieht, schon von weitem unterscheiden lässt. Nachdem wir uns für ein neues wissenschaftliches Zucht-Programm entschieden haben, haben wir uns vom EIS verabschiedet.

Neues Zuchtprogramm unter wissenschaftlicher Leitung

Ab 2016 hat sich die Zuchtleitung über ein neues Zuchtprogramm in Gießen, das „Dogbase online" informiert, das von Genetikern und Wissenschaftlern erarbeitet wurde. Nachdem sich die Zuchtleitung dem „Dogbase online" angeschlossen und einen Vertrag abgeschlossen hatte, wurden dort bis 2018 alle bisherigen Daten eingepflegt und das EIS abgelöst. Die Zuchtleitung kann das neue Zuchtprogramm selbst verwalten und hat dadurch in vielen Bereichen einen besseren Überblick. Das Zuchtprogram wählt die zu der Hündin am besten passenden Rüden nach einer Zuchtwertschätzung aus. Alle Züchter, die es wünschen, haben zu dem Zuchtprogramm Zugang und können sich selbst über die zur Verfügung stehenden Rüden informieren.

Bei der Berechnung der Inzucht können alle Vorfahren bis zu den Ausgangstieren mit einbezogen werden. Auch werden alle Erkrankungen eingetragen und bei der Zuchtauswahl berücksichtigt.

In dem ehemaligen Zuchtprogramm konnte man bereits sehr leicht Zuchtlinien erkennen, in denen vererbte Krankheiten auftraten. Mit dem neuen Zuchtprogramm haben wir zahlreiche weitere Möglichkeiten, nicht nur den Inzuchtgrad weiter zu senken, sondern auch festgestellte Erbkrankheiten durch gezielte Zuchtauswahl zurückzudrängen. Fehlende tierärztliche Untersuchung werden automatisch gemeldet. In Zukunft sollten auch Wesensmerkmale in das Zuchtprogramm einfließen, um so die Auswahl nach Wesensmerkmalen als kindergeeigneter Familienhund zu erleichtern. Bisher müssen wir dies noch manuell machen.

Auch Wissenschaftler, die sich mit dem Elo beschäftigen, wie bspw. ein wissenschaftliches Institut aus Bern (Schweiz), haben Zugang zu dem Zuchtprogramm. Hier sucht man nach Genen, die das Glaukom (Augenüberdruck) beim Elo verursachen. Leider haben wir bisher noch nicht von allen erkrankten Elo Blutproben bekommen, so dass die Anzahl der vorhandenen Blutproben zu gering ist, um nach den Genen zu suchen und sie auch zu finden. Sollte uns dies eines Tages gelingen, dann könnte man schon im Welpenalter anhand einer Blutprobe erkennen, ob der betreffende Elo Träger ist. So könnte man die gelegentlich auftretende Erbkrankheit, die zum Teil erst im Alter von vier oder sechs Jahren ausbrechen kann, erkennen und somit auch wegzüchten.

Um wissenschaftliche Arbeiten durchführen zu können, lagern auch zahlreiche Blutproben in der TiHo Hannover, da von jedem für die Zucht vorgesehenen Elo eine Blutprobe abgegeben werden muss. So könnten diese Blutproben für wissenschaftliche Arbeiten am Elo zur Verfügung gestellt werden. Leider hat sich bisher noch kein Wissenschaftler gemeldet, der daran interessiert ist, weitere Forschungsarbeiten durchzuführen. Für diesen Zweck könnte der Verein auch von seinen Forschungsgeldern die Forschungsarbeiten, die zum Vorteil des Elo sind, mit unterstützen.

Glossar

Dieser Abschnitt soll in erster Linie dem Verständnis dienen. Das Glossar ist nicht als exakte medizinische Definition gedacht.

Kommunikation: Die kooperative Signalübertragung von einem Signal auf einen Signalempfänger. An Kommunikation sind somit immer ein Sender, ein Empfänger und ein Signal beteiligt. Kommunikation oder soziale Interaktion ist ein wesentlicher Bestandteil organischen Lebens und sozialen Verhaltens.

Genetische Prädisposition: Als genetische Prädisposition wird das angeborene Risiko für eine multifaktorielle Erkrankung bezeichnet, zu deren Ursachen auch eine genetische Komponente gehört. Bekannte Beispiele für genetische Prädisposition sind systemischer Lupus erythematodes, juvenile rheumatoide Arthritis, Parodontitis und Morbus Alzheimer. Hier sind verschiedene Genotyp-Varianten bekannt, die zu einem erhöhten Risiko für das Auftreten der Erkrankung führen.

Hüftgelenksdysplasie: Die Hüftgelenksdysplasie ist eine Sammelbezeichnung für angeborene oder erworbene Fehlstellungen und Störungen der Verknöcherung (Ossifikation) des Hüftgelenks beim Neugeborenen. Die Hüftdysplasie kann dabei alleinstehend oder zusammen mit anderen angeborenen Fehlbildungen vorkommen.

Pigmentierung: Die Hautfarbe (auch Teint) ist ein individuelles Merkmal, das vor allem durch die Pigmentierung der Haut und die Struktur der Blutgefäße bestimmt wird. Bei sehr vielen Lebewesen, insbesondere bei unbehaarten und unbefiederten, dient die Hautfarbe der Tarnung oder für Signale, etwa als Warnsignal giftiger Tiere oder beim Balzverhalten.

Entropium: Rolllid: Das Entropium (auch als Rolllid bezeichnet) ist laut Wikipedia eine Fehlstellung des Augenlids, meist des unteren. Das Lid ist einwärts gekehrt, so dass die Wimpern auf der Hornhaut schleifen, was Trichiasis genannt wird.

Heritabilitäten: Laut Wikipedia ist die Heritabilität (Symbol: h2) ein Maß für die Erblichkeit von Eigenschaften, bei deren phänotypischer Ausbildung sowohl die Gene als auch Umwelteinflüsse eine Rolle spielen. Sie ist zwar grundsätzlich auf sämtliche genetische Eigenschaften anwendbar; ihre praktische Anwendung ist aber fast nur bei komplexen Erbgängen und kontinuierlicher Phänotyp-Ausprägung sinnvoll.

Degeneration: Das bedeutet lateinisch *de-* (ent-) und *genus* (Art, Geschlecht), also „Entartung". Es ist ein in der medizinischen Wissenschaft gebräuchlicher Oberbegriff für formale, strukturelle und funktionelle Abweichungen von der Norm. Der Begriff wird meistens im Sinne einer Funktionseinschränkung verwendet (z.B. degenerative Veränderung der Sehne).

Literaturhinweise / Quellen:

Burns, Marca u. Fraser, Margaret N.,Vererbung des Hundes,Die Grundlagen einer erfolgreichen Hundezucht, Verlagshaus Reutlingen Oertel u. Spörer, 3. unveränderte Auflage, 1966, ISBN 3-88627-035-1

Bruns, Marca u. Fraser, Margret N., Die Vererbung des Hundes (1966), erschienen in Franz und Karin Riemann, Die Sheltie-Fibel, Selbstverlag, Lanhausen bei Bremerhaven (1993)

Bloch, Günther, Der Wolf im Hundepelz: Hundeerziehung aus unterschiedlichen Perspektiven, Kosmos (Franckh-Kosmos); Auflage: 1.Aufl. (Oktober 2004), ISBN-10: 3440101452

„Der Deutsche Tierschutzbund" vom 24.07.2013 zum Thema „Qualzucht" http://www.tierschutzbund.de/information/hintergrund/ heimtiere/qualzucht.html

Feddersen-Petersen, Dorit U. Dr., Ausdrucksverhalten beim Hund. Mimik, Körpersprache, Kommunikation und Verständigung, Franckh-Kosmos Verlag; Auflage: 1 (Oktober 2008), ISBN-10: 344009863X

Feddersen-Petersen, Dorit U. Dr., Hundepsychologie: Sozialverhalten und Wesen, Emotionen und Individualität, Franckh Kosmos Verlag; Auflage: 1 (2. August 2013), ISBN-10: 3440137856

Goerttler, Victor, Dr., Grzimeks Tierleben, Säugetiere 3, dtv, Deutscher Taschenbuchverlag GmbH &CO.KG, München, ISBN 3-423-03207-3, S. 212 ff

Gebhardt, Heiko und Gebhardt, Gerd, Die Sache mit dem Hund. 100 Rassen kritisch unters Fell geschaut und viele Tipps, wie man sich den Hund zum Freund macht Verlag: Hamburg: Rasch u. Röhring, (1988), ISBN-10: 389136203X

Hemmer, Helmut, Prof., Domestikation: Verarmung der Merkwelt, Vieweg+Teubner Verlag; Auflage: 1983 (1. Januar 1983), ISBN-10: 3528085045

Krämer, Eva-Maria, Der neue Kosmos–Hundeführer, Kosmos-Verlag, Kosmos (Franckh-Kosmos); Auflage: Völlig neu bearb. u. erw. A. (2002), ISBN-10: 3440077721

Lehari, Gabriele, Der große Hunde Kompass, Verlagshaus Oertel+Spoerer, Reutlingen, (2000), ISBN-13: 978-3886278008

Lorenz, Konrad, Prof. Dr., Grzimeks Tierleben 3, DTV Deutscher Taschenbuch Verlag (Februar 1990) ISBN-10: 3423032073

Menzel R. + R.: Praktische Anleitung für die Durchführung von Eignungsprüfungen bei den Nichtjagdhunderassen. Die Jugendveranlagungsprüfung als Grundlage der Leistungshunde. Verlag: Grunau, Bern, 1947

Scott, J. P., u. Fuller J. L., Individualität, Franckh-Kosmos; Auflage 2004, ISBN 978-3-440-09780-9 (1965): Genetics and the social behaviorofthedog. University of Chicago Press, Chicago, London

Seiferle, Eugen und Leonhardt, Emil, Wesensgrundlagen und Wesensprüfungen des Hundes, Broschiert; Druckerei ernisatz+druck AG, (1984) 111 Seiten

Seiferle, Eugen, Wesensgrundlagen und Wesensprüfungen des Hundes, Druckerei Stäfa, AG, 2. Auflage; Broschiert; (1972) 75 Seiten

Seiferle, Eugen und Leonhardt, Emil, Leitfaden für Wesensrichter, Hrsg. Schweizerische kynologische Gesellschaft (SKG), (1984), S. 22

Trumler, Eberhard, Hunde ernst genommen, R. Piper & Co. Verlag, 1974 ISBN: 3-492-02026-7

Trumler, Eberhard, Mit dem Hund auf du: Zum Verständnis seines Wesens und Verhaltens, Piper Taschenbuch; Auflage: 14., Aufl. (1. Dezember 1995) ISBN-10: 3492211356

Trumler, Eberhard, Ratgeber für den Hundefreund, R. Piper & Co. Verlag, München, 1977, ISBN: 3-492-02259-6

Trumler, Eberhard u. Mundo, Dietmar, Das Jahr des Hundes, Kynos Verlag, 1985, ISBN: 3-924008-11-6

Venzl, Elisabeth, Dissertationsarbeit: Verhaltensentwicklung und Wesensmerkmale bei der Hunderasse Beagle, Ludwig-Maximilians-Universität München, (1990)

Wachtel, Hellmuth, Hundezucht, Kynos Verlag; Auflage: 2 (März 1997), ISBN-10: 3923555105

Wegener, Wilhelm, Kleine Kynologie, Terra-Verlag. Konstanz, 3. erweiterte Auflage (1986), ISBN:3-920942-11-6

Ziemen, Erik, Der Hund, Abstammung, Verhalten, Mensch und Hund Bertelsmann Verlag (März 1994), ISBN-10: 3570005070

Zeitschriften, Broschüren:
Gabriele Niepel, Artikel Problemhund - Problemmensch?, ersch. in Hundezeitschrift „Der Hund", Deutscher Bauernverlag GmbH, Berlin, Nr. 4/1998, FORUM Zeitschriften und Spezialmedien GmbH, Mandichostr. 18, 86504 Merching

Szobries, Heinz, ersch. in Zeitschrift: „Der Hund", Deutscher Bauernverlag GmbH, Berlin, Nr. 10/1993, FORUM Zeitschriften und Spezialmedien GmbH, Mandichostr. 18, 86504 Merching

Fachartikel
Hundezeitschrift „Der Hund", Deutscher Bauernverlag GmbH, Berlin, Nr.12/2012, Der Hund, FORUM Zeitschriften und Spezialmedien GmbH, Mandichostr. 18, 86504 Merching
Hundezeitschrift „Der Hund", Deutscher Bauernverlag GmbH, Berlin, Nr. 4/1998 Der Hund, FORUM Zeitschriften und Spezialmedien GmbH, Mandichostr. 18, 86504 Merching
Hundezeitschrift „Partner Hund", Gong Verlag GmbH, 11/ 1999 Partner Hund, Verlag: Ein Herz für Tiere Media GmbH, Münchener Str.101/109, 85737 Ismaning
Broschüre des Deutschen Tierschutzbundes. Artikel: Von der Zucht zur Qualzucht, Erscheinungsjahr, 1998
Informationsbroschüre vom „Deutschen Tierschutzbund, H 17 Stand 1/91 **Ministerialblatt** für das Land Nordrhein-Westfalen Nr. 83 vom 3. November 1995 Gefahr Hunde Verordnung

Bildquellen: Heinz Szobries

Abbildung auf dem Umschlag: Kunstmalerin Renate Wolters, D-29386 Dedelstorf-Repke als Fotomontage überarbeitet

Danksagung

An dieser Stelle möchte ich mich bei meiner Frau Marita bedanken, die mich in all den Jahren bei dem Elo-Projekt und den Forschungsarbeiten unterstützt hat. Auch hat sie an meine Vision von einem familiengerechten Hund geglaubt. Ohne sie hätte ich nie die Gelegenheit gehabt, das Projekt auf den Weg zu bringen. Zudem möchten wir, meine Frau und ich, uns auch bei den zahlreichen Elo-Freunden, insbesondere den Vereinsmitgliedern, die die Elo-Zucht mit unterstützt haben, bedanken. Während einige nur vorübergehend mitgeholfen haben, haben andere über viele Jahre einen großen Teil ihrer Freizeit, sei es mit einer Tätigkeit im Vorstand oder in der Zuchtleitung, damit verbracht, die Elo-Zucht voran zu bringen. Wir sind auch den begeisterten Elo-Besitzern dankbar, die uns immer wieder bestärkt haben, mit unserer Elo-Zucht weiterzumachen.

Besonders dankbar sind wir auch allen Mitgliedern des Vorstands, der Zuchtleitung und sämtlichen Ehrenamtlichen der EZFG e.V. Sie haben mit ihrem Engagement in den letzten Jahren dazu beigetragen, dass wir die Elo-Zucht weiter entwickeln konnten. Sie haben den Elo als Familienhund bekannt gemacht und so für eine gute Öffentlichkeitsarbeit gesorgt, und sie haben die Elo-Zucht vorangetrieben. Hier möchten wir auch alle ehemaligen Vorstands- und Zuchtleitungsmitglieder mit einbeziehen. Insbesondere den Unterstützern der ersten Jahre der Elo-Zucht haben wir es u.a. zu verdanken, dass wir nach Rückschlägen und Kritik in der Öffentlichkeit durchgehalten haben und die gesteckten Zuchtziele weiterverfolgt haben.

Zu Dank verpflichtet sind wir allen Mitwirkenden an der Datenbank und der Homepage der EZFG e.V. Die Datenbank, bzw. das Zuchtbuch haben dazu beigetragen, die Daten aller zur Zucht zugelassenen Elo und deren Nachkommen zu erfassen.

Die Datenbank wurde in den vergangenen Jahren ständig um weitere Funktionen erweitert, die für die Elo-Zucht und insbesondere den Rasseverein Elo® Zucht- und Forschungsgemeinschaft e.V. relevant sind. Unsere Forschung und Elo-Zucht wurde in all den Jahren unterstützt von Biologen, Tierärzten und Hundebesitzern. Es stand immer der Hund, der Elo, der als Familienhund gezüchtet wird, im Vordergrund unseres Handelns.

Aber auch Kritik und Rückschläge haben uns letztendlich in der Elo-Zucht weitergebracht. Es ist uns bekannt, dass nicht jeder mit unserem Elo-Projekt einverstanden war bzw. ist. Dessen ungeachtet sind wir für eine fachlich angemessene sowie offene Kritik dankbar.

Zum Schluss noch eine Bemerkung für den kritischen Leser. Zwar haben wir das Buch Korrektur gelesen und die Unterstützer haben getan, was in ihrer Macht stand, uns auf die Schwächen dieses Buches hinzuweisen, doch etwaige noch vorhandene Fehler bitten wir zu entschuldigen. Wir möchten uns bei denjenigen bedanken, die beim Zustandekommen dieses Buches geholfen haben. Wir bedanken uns für die wertvollen fachlichen Hinweise und die fachliche Beratung sowie für das Korrekturlesen bei Peter Rausch, Christine Röder und Monika Schuldt.

Einen Anspruch auf Vollständigkeit und Wissenschaftlichkeit erheben wir nicht. Wir bedanken uns bei denen, die uns in der Vergangenheit und auch in der Zukunft in unserem Bestreben, Ergebnisse der Elo-Zucht zu dokumentieren, fachlich unterstützt haben und unterstützen werden. So ist von uns ein weiteres Buch über den genetischen Einfluss auf das Verhalten, bzw. Vererbung von Charakteranlagen beim Elo geplant.

Dieses Buch soll den Leser informieren und anregen, im Besonderen bezogen auf das Elo-Projekt, aber auch, unabhängig von der Rasse, etwas hundekundiger machen. Wenn es uns mit den Themen in diesem Buch gelungen ist, dass ein Jeder etwas findet, das ihn interessiert, dann freut es uns. Wünschenswert ist auch, dass der Leser sich bei der Wahl seines Hundes im Vorfeld kritische Gedanken macht. Elo sind verlässliche Familienhunde, das war und ist unser Zuchtziel.

Heinz Szobries, Dedelstorf im Frühjahr 2020
szobries.heinz@t-online.de oder szobries.marita@gmx.de
http://www.elo-ein-toller-hundetyp.de

Besichtigung der Elo Zucht – und Forschungsstation
Nach vorheriger Terminabsprache kann unsere Zucht- und Forschungs-station mit Führung von Elo-Interessierten und auch von Gruppen besichtigt werden.

Weitere Tipps im Internet
Zuchtstätte von der kleinen Oase, Familie Szobries:
www.elo-ein-toller-hundetyp.de
Elo® Zucht und Forschungsgemeinschaft e.V.: www.ezfg.de
Elo® Nothilfe eV: www.elonothilfe.eu
TASSO Tierschutz, Registrierung und Rückvermittlung entlaufener Tiere: **www.tasso.net**

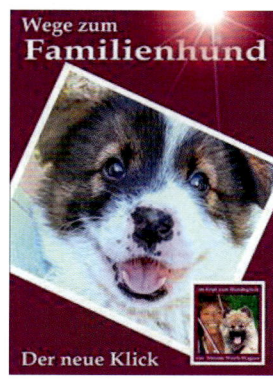

Buchempfehlung zur Hundeerziehung
von einer Elo®-Züchterin:

Wege zum Familienhund
von Simone Werth-Wagner
Leseprobe und Bestellung:
www.AnRoSi-Verlag.de
ISBN 978-3-9814-115-2-2

Weitere Infos von den Rassebegründern M. & H. Szobries:

Video „Der Elo®, gezüchtet als kindergeeigneter Familienhund"
Dokumentation auf der Elo-Ranch

Videofilm über die Entstehungsgeschichte des Elo
Vorstellung der wichtigsten Ausgangstiere, die von unterschiedlichen
Rassen abstammen. Vorstellung der ersten Generationen, insbesondere
derjenigen, die dem angestrebten Zuchtziel entsprachen.
Verhaltensbeobachtungen bei der Verpaarung, während der Geburt und
der Entwicklung der Welpen.
In dem Film werden auch besondere Ereignisse während der
Entstehungsgeschichte des Elo gezeigt.

Angebote auf der Elo®-Ranch
Es werden jährlich mehrere dreitägige Seminare für angehende Elo-
Züchter durchgeführt. An diesen Seminaren können auch Züchter
anderer Rassen teilnehmen.
Von Zeit zu Zeit finden Ausbildungen von Zuchtwarten sowie von Zucht-
und Wesensrichtern statt.
Wir sind ein staatlich anerkannter Ausbildungsbetrieb und bilden auch
Tierpfleger/innen aus. Des Weiteren bieten wir von Zeit zu Zeit für an der
Hundezucht und Tierpflege interessierte Personen Praktikumsplätze an,
von 3 Wochen bis zu einem Jahr.
Während des Langzeitpraktikums wird dem Praktikanten ein umfang-
reiches Fachwissen über Hundezucht nähergebracht.

Weitere Bildtafeln

Elo, die zum Teil dem Idealtyp entsprechen

Elo, die dem Idealtyp entsprechen

Verhaltensbeobachtung - Hundeverhalten gegenüber einem Kleinkind/ Groß-Elo-Hündin mit Welpen

Elo-Rudel in ihrem fast 2000 m² großen Gehege

Verhaltensbeobachtung eines Elo-Rudels gegenüber einem Huhn

Die Elo wachsen im engen Kontakt mit dem Menschen auf. In dem Gehege befinden sich zwei Badeteiche, Klettermöglichkeiten und Röhren. Die zahlreichen Bäume bieten während der warmen Jahreszeit ausreichend Schatten.

Unsere Zucht- und Forschungsstation liegt am Rande des Dorfes, umgeben von Feldern, Wiesen und Heidelandschaft. Luftaufnahme.

Die Zuchtstätte „von der kleinen Oase" ist über 17 000 m² groß. Unsere Elo sind in mehreren Rudeln in Gehegen von über 500 m² bis zu einer Größe von 1500 m² untergebracht

Aktuelle Luftaufnahmen aus dem Jahr 2012 / Erweiterung der Badeteiche

Innerhalb der großen Anlagen befinden sich Teiche. Diese sind nicht angelegt worden, weil der Elo so gerne badet, sondern weil wir unseren Elo die Möglichkeit zum Baden anbieten wollen. Bisher konnten wir nur selten beobachten, dass unsere Elo bei warmem Wetter eine Runde schwimmen.

Elo-Interessenten haben die Möglichkeit, bei uns zu übernachten.

Die Elo Zucht- und Forschungsstation besteht aus bewaldeten Flächen sowie Wiesen und ist inzwischen von einer ca. 2m hohen Hecke umrandet.